国青少年软件编程等级考试

Hello World 编程日

爱上编程 Programming

中国电子学会全国青少年软件编程等级考试配套用书

青少年软件编程基础与实战

图形化编程 三级

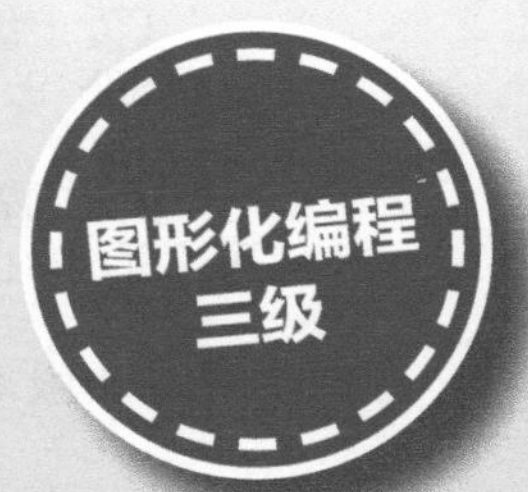

■ 陈雪松 主编 ■ 李梦军 审校

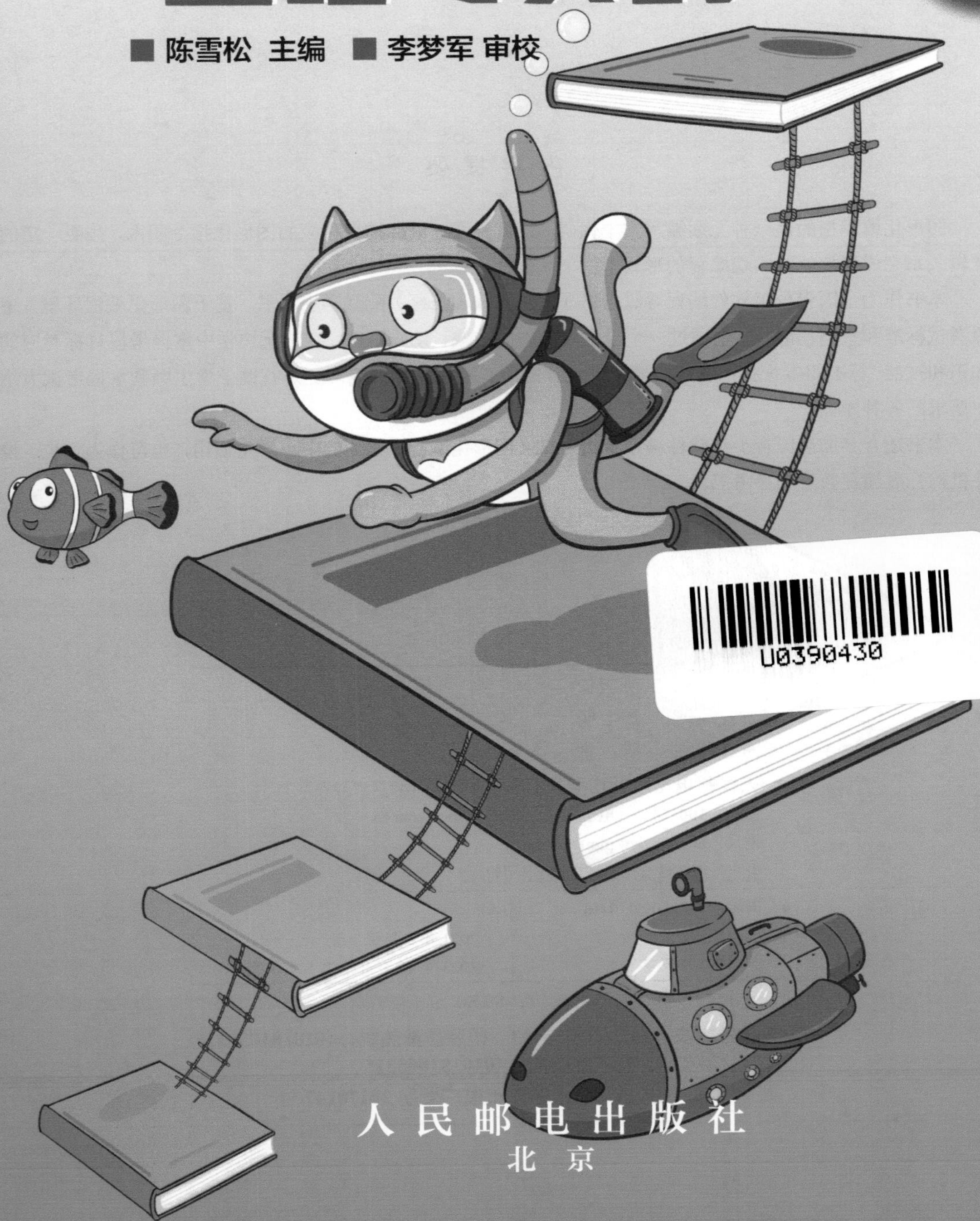

人民邮电出版社
北京

图书在版编目（CIP）数据

青少年软件编程基础与实战. 图形化编程三级 / 陈雪松主编. -- 北京 : 人民邮电出版社, 2021.5（2023.12重印）
（爱上编程）
ISBN 978-7-115-56142-8

Ⅰ. ①青… Ⅱ. ①陈… Ⅲ. ①程序设计－青少年读物 Ⅳ. ①TP311.1-49

中国版本图书馆CIP数据核字(2021)第045935号

内 容 提 要

图形化编程指的是一种无须编写文本代码，只需要通过鼠标拖曳相应的图形化指令积木，按照一定的逻辑关系完成拼接就能实现编程的形式。

本书作为全国青少年软件编程等级考试（图形化编程三级）配套学生用书，基于图形化编程环境，遵照考试标准和大纲，带着学生通过一个个生动有趣的游戏、动画范例，在边玩边学中掌握考核目标对应的知识和技能。标准组专家按照真题命题标准设计的所有范例和每课练习更是有助于学生顺利掌握考试大纲中要求的各种知识。

本书适合参加全国青少年软件编程等级考试（图形化编程三级）的中小学生使用，也可作为学校、校外机构开展编程教学的参考书。

◆ 主　　编　陈雪松
　责任编辑　周　明
　责任印制　陈　犇
◆ 人民邮电出版社出版发行　　北京市丰台区成寿寺路 11 号
　邮编　100164　　电子邮件　315@ptpress.com.cn
　网址　https://www.ptpress.com.cn
　北京捷迅佳彩印刷有限公司印刷
◆ 开本：787×1092　1/16
　印张：11.25　　　　2021 年 5 月第 1 版
　字数：212 千字　　　2023 年 12 月北京第 5 次印刷

定价：89.80 元

读者服务热线：(010)81055493　印装质量热线：(010)81055316
反盗版热线：(010)81055315
广告经营许可证：京东市监广登字 20170147 号

编委会

名词对照表

请注意，Scratch 兼容版或其他书中可能会采用不同的名词表示相同的概念。

册别	本书中采用的名词	Scratch 兼容版或其他书中可能会采用的名词
一级	积木	模块、指令模块、代码块
一级	代码	脚本、程序、图形化程序（在本书中，我们用“代码”来表示一组程序片段，用“程序”表示整个项目的所有角色的完整代码）
一级	选项卡	标签
一级	分类	类别
二级	确定性循环	确定次数循环
二级	选择结构	判断结构、分支结构
二级	单分支选择结构	单一分支
二级	方向键	方向控制键、上下左右控制键
二级	不确定性循环	直到型循环
二级	麦克风	话筒、声音传感器
二级	波形图	声波图
三级	变量	变数
三级	真 / 假（布尔值）	是 / 否、成立 / 不成立、1/0、True/False
三级	随机数	乱数
三级	（克隆）本体	（克隆）原体

前　言

2017 年，国务院发布的《新一代人工智能发展规划》强调实施全民智能教育项目，在中小学阶段设置人工智能相关课程，逐步推广编程教育，鼓励社会力量参与寓教于乐的编程教学软件、游戏的开发和推广。

2018 年，中国电子学会启动了面向青少年软件编程能力水平的社会化评价项目——全国青少年软件编程等级考试（以下简称为“编程等级考试”），它与全国青少年机器人技术等级考试、全国青少年三维创意设计等级考试、全国青少年电子信息等级考试一起构成了中国电子学会服务青少年科技创新素质教育的等级考试体系。

2019 年，编程等级考试试点工作启动，当年报考累计超过了 3 万人次，占中国电子学会等级考试报考总人次的 21%。2020 年共计有 13 万人次报考编程等级考试，占中国电子学会等级考试报考总人次的 60%，其报考人次在中国电子学会等级考试体系中已跃居第一位。

面向青少年的编程等级考试包括图形化编程（Scratch）级和代码编程（Python 和 C/C++）级。图形化编程是一种无须编写文本代码，只需要通过鼠标拖曳相应的图形化积木，按照一定的逻辑关系完成拼接就能实现编程的形式。图形化编程是编程入门的主要手段，广泛用于基础编程知识教学及进行简单编程应用的场景，而 Scratch 是最具代表性的图形化编程工具。

编程等级考试图形化编程（一至四级）指定用书《Scratch 编程入门与算法进阶（第 2 版）》已于 2020 年 5 月出版。为了进一步满足广大青少年考生对于通过编程等级考试的需求和众多编程等级考试合作单位的教学需要，我们组织编程等级考试标准组专家，编写了这套编程等级考试图形化编程（一至四级）配套用书。

本套书基于 Scratch 3 编程环境，严格遵照考试标准和大纲编写，内容和示例紧扣考核目标及其对应的等级知识和技能。其中学生用书针对四级考试分为 4

册，每级 1 册。教师可根据学生的实际情况，灵活安排每一课的学习时间。为了提高学生的学习兴趣，每课设计了生动有趣的游戏、动画范例，带领学生“玩中学”。同时，为了提高考生的考试通过率，编程等级考试标准组专家参照真题的命题标准精心设计了每课的课程练习和所有范例。

本书为编程等级考试图形化编程三级配套学生用书，也可作为学校、校外培训机构的编程教学用书。参加本书编写的作者中，有来自高校的教授，有多年从事信息技术工作的教研员，还有编程教学经验丰富的一线教师，他们也全都是编程等级考试标准组专家。王燕、任玉芹老师参与了本书的审稿工作。本书作者 - 读者答疑交流 QQ 群群号为 809401646。由于编写时间仓促，书中难免存在疏漏与不足之处，希望广大师生提出意见与建议，以便我们进一步完善。

本书编委会

2021 年 4 月

目 录

第 1 课　小猫数数 ——初识变量

我们对数学知识的学习是从数数开始的，小猫也不例外。本课范例作品是“小猫数数”：舞台上的小猫从 1 开始数，然后增加 1，接着往下数……数到 10 结束。“小猫数数”范例作品如图 1-1 所示。

作品预览

图1-1 “小猫数数” 范例作品

1.1 课程学习

1.1.1 相关知识与概念

1. 认识变量

变量就像一个盒子，我们可以往盒子里放入物品，然后根据需要取出，也可以对盒子里的东西进行更换。也就是说，我们可以为变量赋值，也可以读取变量的值，如图 1-2 所示。

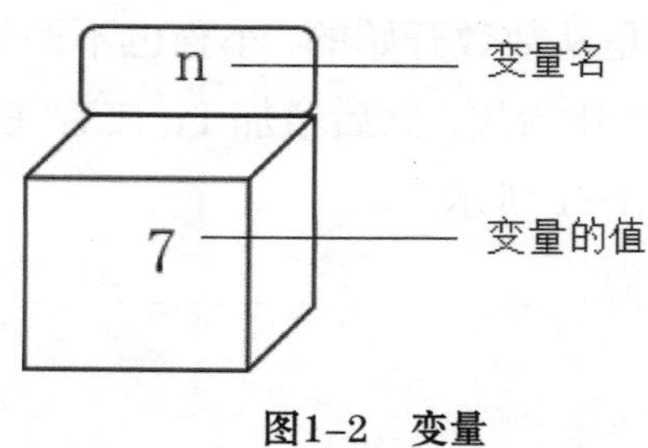

图1-2　变量

Scratch 中的变量支持存放 3 种数据类型：布尔类型（真或假）、数字类型（整数或小数）和字符串类型。

2. 新建变量

单击“变量”分类，选择 “建立一个变量”，在打开的“新建变量”对话框中输入变量名并选择其作用范围，如图 1-3 所示。

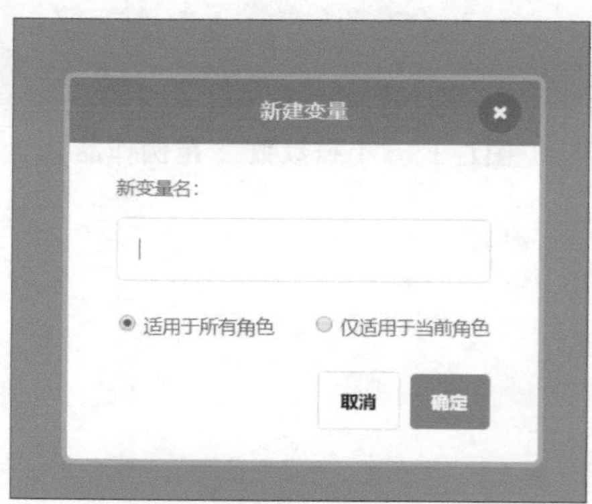

图1-3　“新建变量”对话框

（1）变量名

变量名指变量的名字，用于在程序中识别不同的变量。在 Scratch 中可以使用中文作为变量名，变量名应该有一定意义，最好能够简略说明变量的含义或用途。

注：Scratch 的在线版本，可以使用“云变量”，但云变量只能存储数字。

（2）变量作用范围

变量的作用范围也称“变量的作用域”。在 Scratch 中，作用范围有“适用于所有角色”和“仅适用于当前角色”两个选项。

“适用于所有角色”是指所有角色都可以使用这个变量，也叫作“全局变量”；“仅适用于当前角色”是指只有当前角色才可以使用这个变量，其他角色不能使用，也叫作“局部变量”。绝大多数情况下，新建的变量是适用于所有角色的全局变量。

（3）创建变量

变量创建完成后，在“代码区”及舞台上都会显示新变量，如图 1-4 所示。

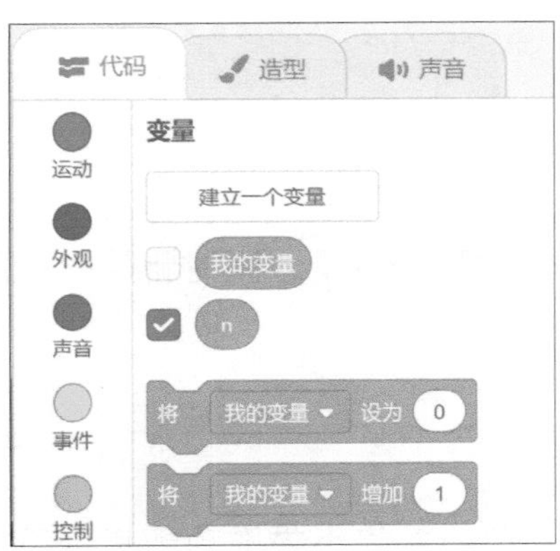

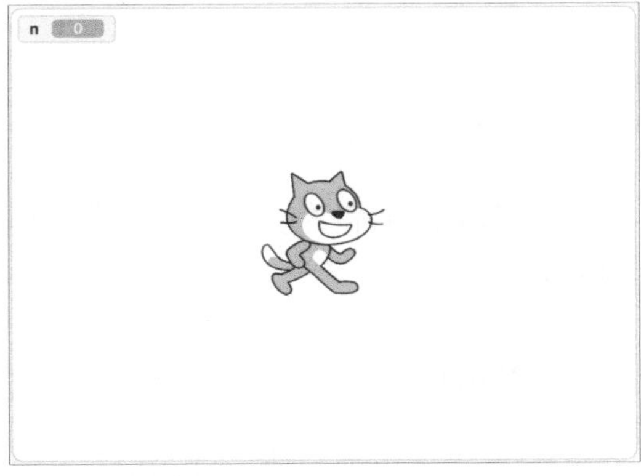

图1-4　代码区及舞台上显示的变量n

试一试

1. 勾选或取消**变量**积木前面的蓝色对钩，舞台上有什么变化？
2. 在**变量**积木上单击鼠标右键，尝试修改变量名或者删除变量。

3. 认识新的积木

将 我的变量 设为 0 ：此积木属于“变量”分类，将变量的值直接设为指定数据。此积木有两个参数，第一个下拉列表参数用于指定变量，选项主要包括默认的“我的变量”以及其他新建的变量名称；第二个参数用于指定设置的数据。

`将 我的变量 增加 1`：此积木属于“变量”分类，将变量的值在原数值基础上增加指定值。此积木有两个参数，第一个下拉列表参数用于指定变量，选项主要包括默认的“我的变量”以及其他新建的变量；第二个参数用于指定增加值。

`显示变量 我的变量`：此积木属于“变量”分类，在舞台上显示指定变量的“变量显示器”。此积木有一个下拉列表参数，用于指定变量，选项主要包括默认的“我的变量”以及其他新建的变量。

`隐藏变量 我的变量`：此积木属于“变量”分类，在舞台上隐藏指定变量的“变量显示器”。此积木有一个下拉列表参数，用于指定变量，选项主要包括默认的“我的变量”以及其他新建的变量。

想一想 还有哪些方式可以实现变量的显示或隐藏？

1.1.2 准备工作

1. 设置舞台背景

从背景库中添加名为“Blue Sky”的图片作为舞台背景，同时删除默认的空白舞台背景。

2. 设置角色

范例的主角是小猫，所以保留默认的小猫角色，并将小猫拖动到舞台下部中间位置。

3. 新建变量

新建两个全局变量“n”和“日期”，分别用于记录小猫要数的数和当前的年、月、日。

1.1.3 小猫从1数到10

在本课范例作品中，小猫从 1 数到 10，所以需要先设置变量的初始值为 1，

并让小猫把当前变量的值“说”出来，然后将变量值增加 1，当变量的值等于 10 时，停止数数，代码如图 1-5 所示。

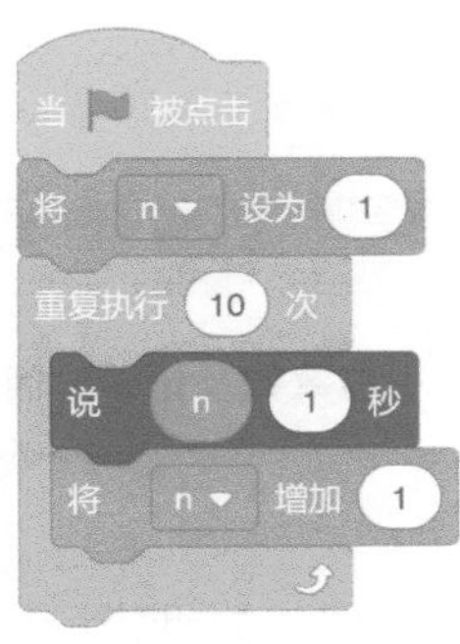

图1-5　小猫从1数到10 的代码

想一想　运行图 1-5 所示的代码后，变量 n 的最后值与小猫“数”的最后值是否一样，为什么？

1.1.4 记录这一天

今天，我们第一次认识变量，把这个值得纪念的日子记录下来吧！

用“侦测”分类中的**“当前时间的 × ×”**积木，分别获取当前时间的年、月、日，然后用“运算”分类的**“连接 × × 和 × ×”**积木连接当前获取的年、月、日，组合形成新的积木，如图 1-6 所示。

图1-6　连接年、月、日的积木

小猫数数及记录时间的完整代码如图 1-7 所示。

图1-7　小猫数数及记录时间的完整代码

试一试　运行图 1-7 所示的代码，发现记录时间的年、月、日连在一起，不便于观察，可以如何修改代码？

1.2 课程回顾

课程目标	掌握情况
1. 认识“变量”，了解变量的含义及命名方法	☆☆☆☆☆
2. 能够完成新建变量、修改变量名、删除变量、隐藏和显示变量等操作	☆☆☆☆☆
3. 能够根据需求修改变量的值	☆☆☆☆☆
4. 熟练使用**“重复执行 ×× 次”**积木，实现对变量的循环变化	☆☆☆☆☆
5. 能够使用变量结合相关积木记录当前系统的日期或时间	☆☆☆☆☆

1.3 课程练习

1. 单选题

（1）将鼠标指针置于哪个图标上，单击鼠标右键可以修改变量名称？（　　）

A. ☑ a　　B. a 0　　C. 将 a 设为 0　　D. 显示变量 我的变量

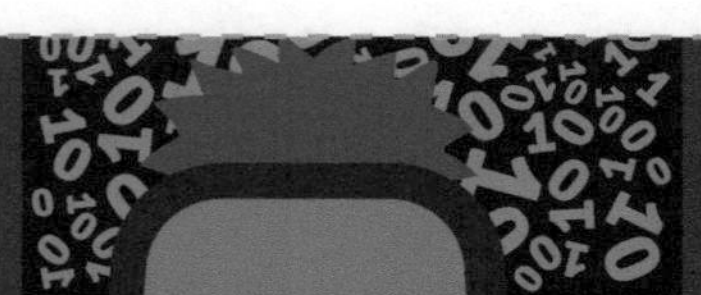

（2）哪个命令可以实现变量的初始化？（　　）

（3）要显示当前日期，需要选择哪一类命令？（　　）

A. 外观　　B. 侦测　　C. 控制　　D. 运算

2. 判断题

（1）“仅适用于当前角色”的变量，无法被其他角色调用。（　　）

（2）隐藏变量的方法有：取消变量前的对钩、使用“隐藏变量”积木。（　　）

3. 编程题

观察数列：30、33、36、39、42……54、57、60，寻找数列的变化规律。然后借助变量进行编程，指挥小猫完成以上数列的数数。

（1）准备工作

使用舞台上默认的小猫角色，并新建一个数字变量 n，用于存储数列中的数值。

（2）功能实现

设计代码，运行代码后小猫能依次说出数列中的各项数值（包括省略号处的数值）。

1.4 提高扩展

本节课我们认识了 Scratch 中的变量，并利用变量来帮助小猫数数，还学会了用变量记录当前的系统日期。请尝试编写计算下面表达式的代码，并使用变量存储计算的结果。

$$\frac{4}{9}+\frac{5}{9}=$$

第 2 课　滑动的数
——变量的滑杆模式

减法运算中，在减数不变的情况下，被减数增大，差也会增大；在被减数不变的情况下，减数增大，差反而会减小。本课范例作品是“滑动的数”：代表被减数、减数和差的 3 个矩形的长度随着变量被减数、减数的变化而变化，这样能够更加直观地观察出被减数、减数、差三者之间的关系。“滑动的数”范例作品如图 2-1 所示。

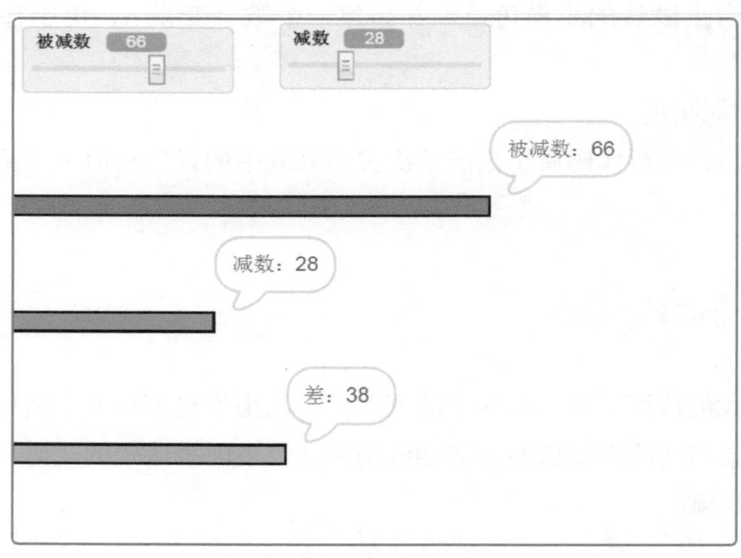

作品预览

图2-1　“滑动的数”范例作品

2.1 课程学习

2.1.1 相关知识与概念

1. 设置变量的显示模式

右键单击舞台区的变量，打开变量显示模式菜单，我们可以看到变量的显示模式有 3 种，分别是正常显示、大字显示和滑杆，如图 2-2 所示。

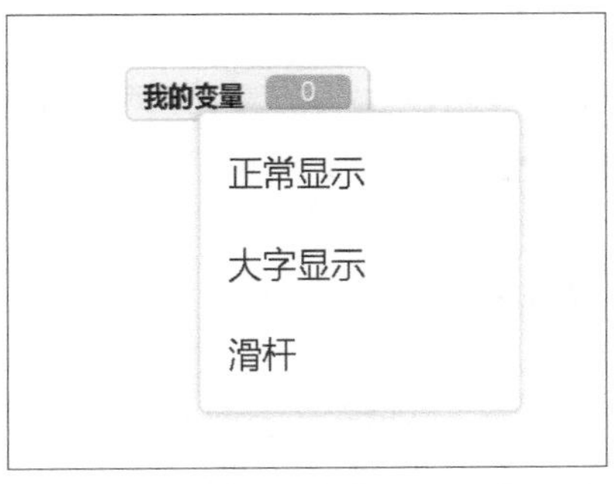

图2-2 变量的3种显示模式

正常显示模式：此模式为 Scratch 默认的变量显示模式，选中此模式后，舞台上可以显示变量名和变量值，方便程序编写者跟踪、观察某些变量的值在程序运行过程中是否正确，如果是局部变量，则还会显示所属的角色名，如图 2-3 所示。变量的值需要使用变量类积木才能修改。

图2-3 正常显示模式

大字显示模式：选中此模式后，舞台上只显示变量值，变量名将消失，变量名可以在程序界面中显示，方便程序使用者了解变量在程序运行过程中具体的数据，如图 2-4 所示。变量的值也需要使用变量类积木才能修改。

图2-4 大字显示模式

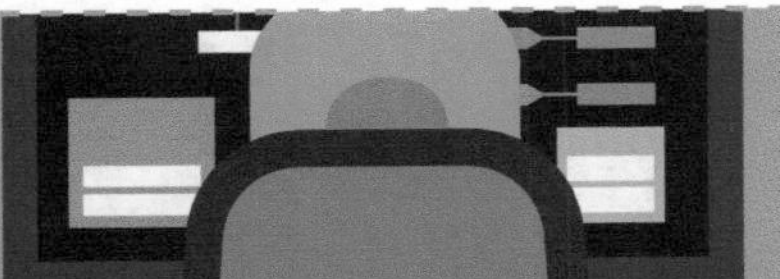

滑杆显示模式：选中此模式后，变量在正常显示模式的基础上多了一个滑杆，使用者可以滑动滑块改变变量的值，也可以使用"变量"分类的积木改变变量的值，如图 2-5 所示。使用这种模式，在程序运行过程中，使用者可以动态地调整变量的值，十分有利于程序使用者与 Scratch 的即时交互。

图2-5 滑杆显示模式

练一练

打开 Scratch，根据以上方法，尝试将变量的显示模式改变为滑杆模式。

2. 修改滑块的取值范围

右键单击舞台区"我的变量"，选择显示模式为"滑杆"，此时再次右键单击"我的变量"打开显示模式菜单，会发现多了"改变滑块范围"选项，如图 2-6 所示。

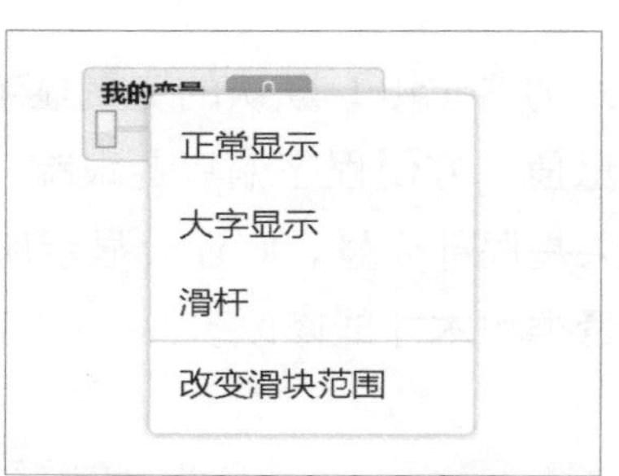

图2-6 "改变滑块范围"选项

它可以给变量指定一个范围，设定其最大值和最小值，确定后，变量的数值只能在这个范围内改变，可以保证输入数值的有效性，如图 2-7 所示。

图2-7　设定滑块的最小值、最大值

想一想　变量的 3 种显示模式各有什么特点？分别适用于哪些情况？

2.1.2 准备工作

1. 设置舞台背景

保留默认的白色背景。

2. 设置角色

因为角色在舞台出现的最大长度和舞台长度一致，所以需要绘制一个与舞台同样长的红色矩形图块，并将其重命名为“被减数”，用来表示“被减数”的变化情况，如图 2-8 所示。

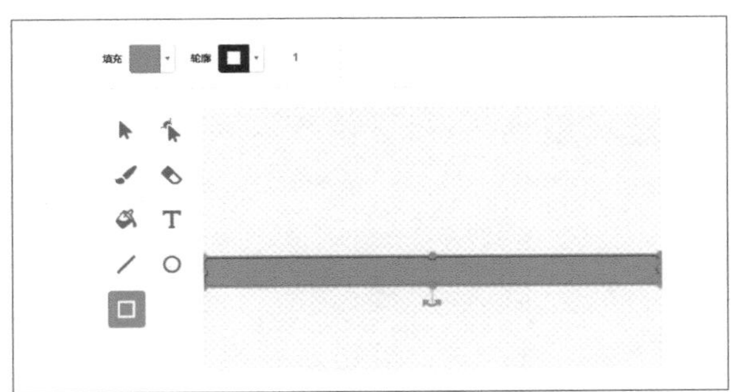

图2-8　绘制角色“被减数”

用同样的方法绘制绿色、蓝色两个矩形，分别重命名为“减数”“差”，表示减数、差的变化。

3. 新建变量

新建两个全局变量“被减数”“减数”，用于记录被减数、减数的值。

2.1.3 用滑块控制矩形的长度

本案例中需要用滑块控制“被减数”和“减数”两个变量的值，矩形角色的长度也要随之变化，现以“被减数”为例介绍程序编写思路，主要的编程思路如下。

（1）调整角色的中心点到矩形的右边缘，如图 2-9 所示。

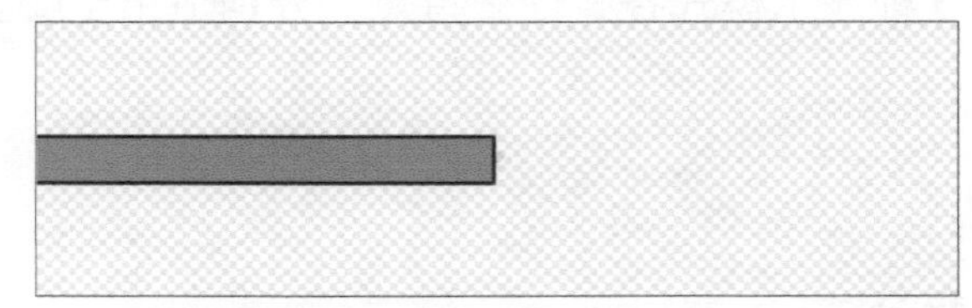

图2-9 调整角色的中心点到矩形的右边缘

（2）设置变量“被减数”的显示模式为“滑杆”模式，最小值为默认的值 0，因为舞台的宽度是 480，所以将最大值设置为 480。

（3）初始状态下，角色在舞台左边缘，所以，将 x 坐标设置为 -240，如设置“被减数”的初始位置为（-240，80）。

（4）当变量“被减数”的值为 0 时，矩形在舞台的最左边，而矩形的中心点在右边缘，所以此时在舞台上看不到矩形（或者只看到一点边缘，根据中心点的设置而定），如图 2-10 所示。

图2-10 变量最小时矩形在舞台上的位置

当变量增大到 480 时，矩形就移到了舞台的最右边，因为矩形的长度和舞台的长度是一致的，所以此时在舞台上能够看到完整的矩形，如图 2-11 所示。

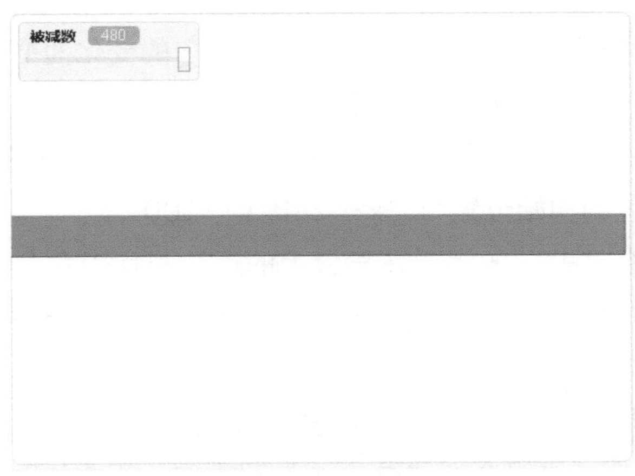

图2-11 变量最大时矩形在舞台上的位置

“被减数”的范围为 0~480，而舞台 x 坐标的范围是 (-240，240)，所以将“被减数”减去 240，以保证“被减数”为 0 时，图块能位于屏幕最左端。

（5）要实现用文字显示出“被减数”值的变化，还需要使用运算类的“**连接 × × 和 × ×**”积木，连接文字“被减数”和变量“被减数”的值，再把它组合到外观类的“**说 × ×**”积木中。

角色“被减数”矩形的长度随着变量“被减数”值的变化而变化的完整代码如图 2-12 所示。

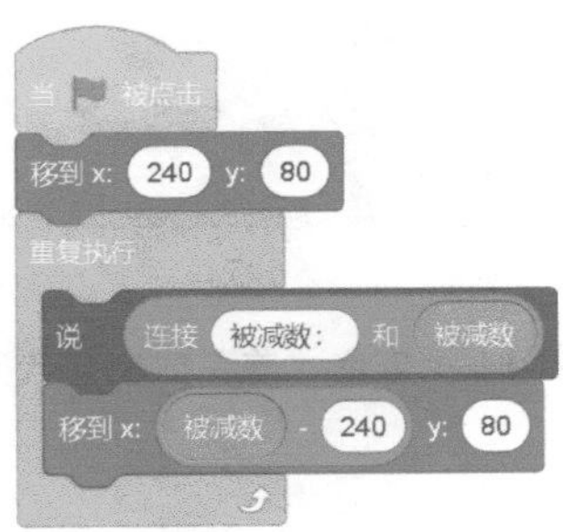

图2-12 角色“被减数”矩形的长度随着变量“被减数”值的变化而变化的完整代码

试一试 完成角色“减数”矩形的长度随着变量“减数”值的变化而变化的代码设计。

2.1.4 实现差的变化

想要实现差的值跟随变量“被减数”和“减数”的变化而变化，同时角色“差”矩形的长度也随之变化，编程思路如下。

（1）用同样的方法把角色“差”的中心点修改为矩形的右边缘。

（2）设置角色的初始位置为“x:-240 y:-100”。

（3）代表角色“差”的矩形在舞台上的运动与代表角色“被减数”的矩形在舞台上的运动类似，所以也需要将差值减 240，才能保证当差等于 0 时，矩形显示在舞台的最左边。

（4）用文字显示差的变化，需要先用被减数减去减数求出差值，然后再连接文字“差”和差值，再组合到**“说 × ×”**积木中，积木如图 2-13 所示。

图2-13 文字显示差的变化积木块

角色“差”的完整代码如图 2-14 所示。

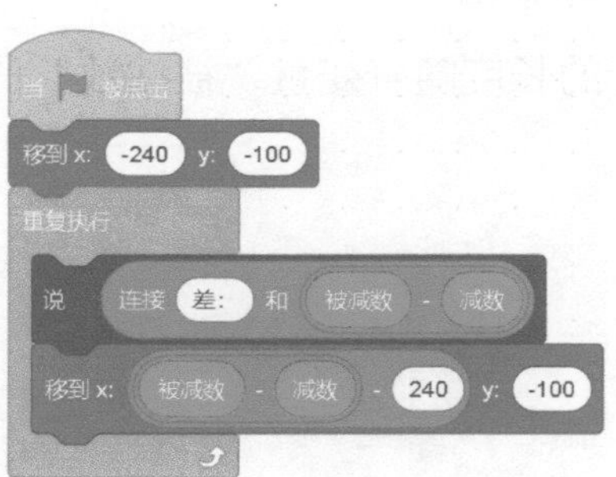

图2-14 角色“差”的完整代码

想一想

1. 如果把“差”也设置为一个变量，使用哪种显示模式更合适？为什么？

2. 变量处于滑杆模式时，除了能用滑块修改变量的值，还能用积木修改变量的值，这些积木是____________________。

2.2 课程回顾

课程目标	掌握情况
1. 了解变量的 3 种显示模式	☆ ☆ ☆ ☆ ☆
2. 能够根据不同场景选择合适的变量显示模式	☆ ☆ ☆ ☆ ☆
3. 能够灵活地使用“滑杆”模式并设置滑块的取值范围	☆ ☆ ☆ ☆ ☆
4. 能够把变量和其他积木结合使用，解决问题	☆ ☆ ☆ ☆ ☆

2.3 课程练习

1．单选题

（1）在舞台区变量有（　　）种显示模式。

A．2 种　　B．3 种　　C．4 种　　D．5 种

（2）在变量的滑杆模式下，关于滑块取值范围的描述，以下正确的是（　　）。

A．滑块的默认取值范围是 0~100

B．滑块的取值范围不能修改

C．滑块的取值范围不能超过舞台范围

D．滑块的最小值不能小于 0

（3）在不增减积木的情况下，代码运行后能修改角色 x 坐标的选项是（　　）。

A.

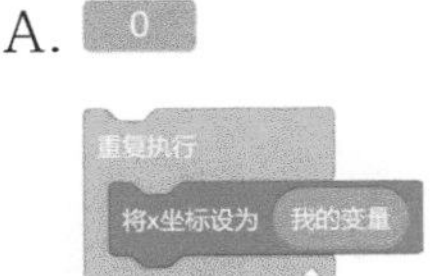

B.

C.

D.

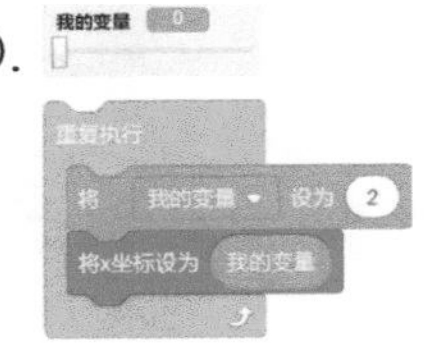

2．判断题

（1）变量可以显示或隐藏，隐藏后的变量不能使用。（　　）

（2）启用变量的滑杆模式后，不能再通过积木控制变量数值的变化。（　　）

3．编程题

在除法运算中，被除数、除数与商之间也有着相似的关系，设计程序展示 3 者之间的关系。

（1）准备工作

删除小猫，绘制 3 个不同颜色的矩形作为 3 个角色，并分别重命名为“被除数”“除数”“商”，使用默认的白色舞台背景。

新建两个变量，分别重命名为“被除数”和“除数”，修改显示模式为“滑杆”模式，并调整取值范围。

（2）功能实现

当变量“被除数”“除数”的值发生变化时，相应角色矩形也随之在舞台中移动。

角色“差”矩形能够随变量“被除数”或“除数”的变化而发生相应的变化。

每个角色都能够正确地说出当前取值。

2.4 提高扩展

变量的滑杆模式，通过滑块的滑动，将变量的赋值可视化，不仅可以用来展示数学运算中的关系，还可以用来创造美妙动听的音乐，改变图片的大小、颜色、亮度等。动手尝试在 Scratch 中编写播放音乐的程序，并利用滑杆模式控制音量大小。

第 3 课　跳动的数
——初识随机数

游戏是所有小朋友都喜爱的活动，今天，我们就和小猫一起来玩游戏吧。本课范例作品是“跳动的数”：首先设置一个要跳过的数，例如 7，游戏开始后，系统随机产生一个数，小猫把它说出来，但当这个数等于 7 时，小猫只能说“跳过”。“跳动的数”范例作品如图 3-1 所示。

作品预览

图3-1 “跳动的数”范例作品

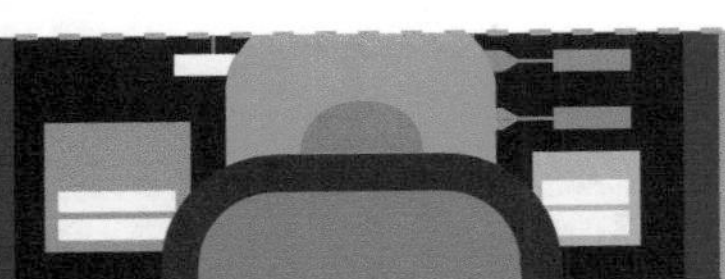

3.1 课程学习

3.1.1 相关知识与概念

在 Scratch 中，我们借助随机数来增强游戏的趣味性，产生富有变化的效果，如抽奖活动、猜数游戏等。本课我们将综合运用变量和随机数设计游戏。

1．认识随机数

随机数是在某个指定范围内随机生成的数字，它可以是这个范围内的任意数。比如 0~9 中的随机数可以是 0、1、2、3、4、5、6、7、8、9 这 10 个数字中的任意一个数，后面生成的数与前面已经生成的数毫无关系。

2．认识随机数积木

在 1 和 10 之间取随机数：此积木属于“运算”分类，表示在某个范围内随机选取一个数。该积木有两个参数，用于指定起始值和结束值，积木会在这个范围内随机选取一个数字（包括指定的起始值和结束值）。默认范围为 1~10，表示生成的数可以是 1、2、3……10 之中的任意一个整数。

3．使用随机数

随机数积木的默认参数是整数，输出的随机数也是整数。如果要获得小数，需要在给定参数时填写小数的格式。比如：我们要获得 1~10 的一个随机数，并且包含小数，可以使用如图 3-2 所示的积木。

图3-2　生成1~10的随机小数

注：在 0~1 随机选取一个数，输出结果只能是 0 或 1，如果要输出 0~1 的小数，则可以使用如图 3-3 所示的积木。

图3-3　生成0~1的随机小数

4. 随机小数真实值与显示值的区别

在 Scratch 3 中，当小数位数较多时，将会以四舍五入的方式保留小数点后两位在舞台上显示。比如，积木获取一个 1.0~10 的随机数，真实值为 4.366098594629893，角色说的值是“4.37”，如图 3-4 所示。

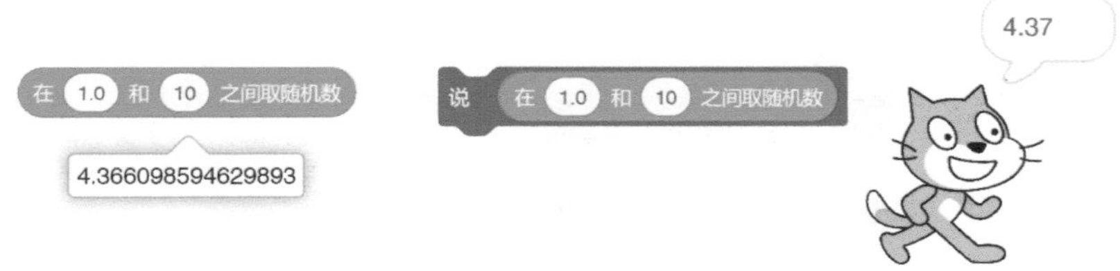

图3-4 真实值（左）与显示值（右）的区别

3.1.2 准备工作

1. 设置舞台背景

从“选择一个背景”对话框中添加名为“School”的学校背景图片作为舞台背景，同时删除默认的空白舞台背景。

2. 设置角色

保留默认的小猫角色，并将小猫拖动到舞台下方。

3. 新建变量

选择小猫角色，创建一个仅适用于当前角色的局部变量“跳动的数”，用于记录小猫数的值。

3.1.3 说1~10的任意数

在本课的范例作品中，小猫随机说出 1~10 的任意一个数，我们将综合运用变量和随机数实现，具体步骤如下。

（1）为变量赋值。将变量“跳动的数”设为 1~10 的随机数，组合形成的积木如图 3-5 所示。

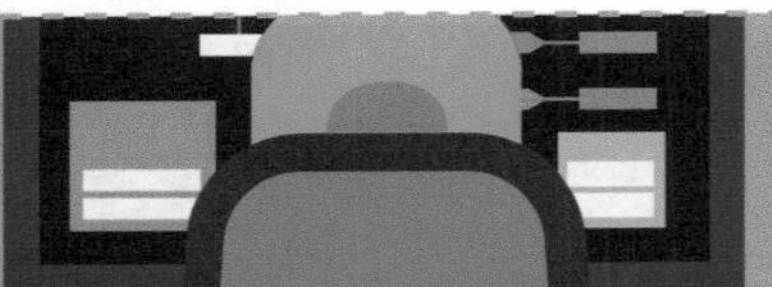

图3-5　为变量赋值

（2）使用“外观”分类中的**“说 ××”**积木，让小猫说出变量“跳动的数”的值。小猫说 1~10 的任意数的完整代码如图 3-6 所示。

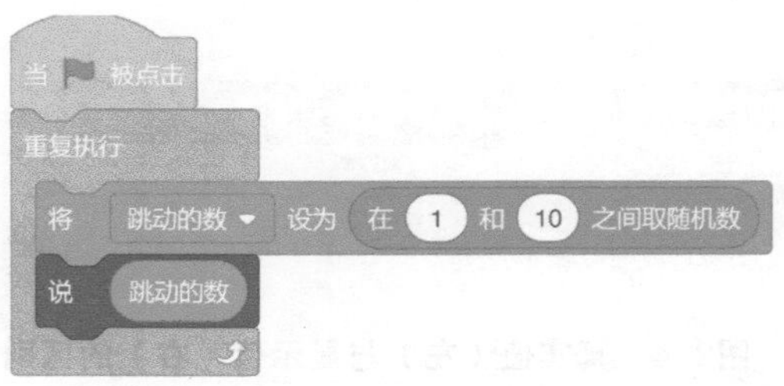

图3-6　小猫说1~10的任意数的代码

试一试

1. 运行代码，说一说小猫是如何数数的。
2. 如何控制小猫说的速度，让数与数之间有适当的停顿？

3.1.4 遇到数字7说“跳过”

根据游戏规则，小猫在说数的过程中，如果变量“跳动的数”的值等于 7，小猫必须说“跳过”，否则说变量“跳动的数”的值。主要的程序编写思路如下。

（1）设置判断条件：使用双分支结构**“如果 ×× 那么 ×× 否则 ××”**，将判断条件设置为变量“跳动的数”的值等于 7，如图 3-7 所示。

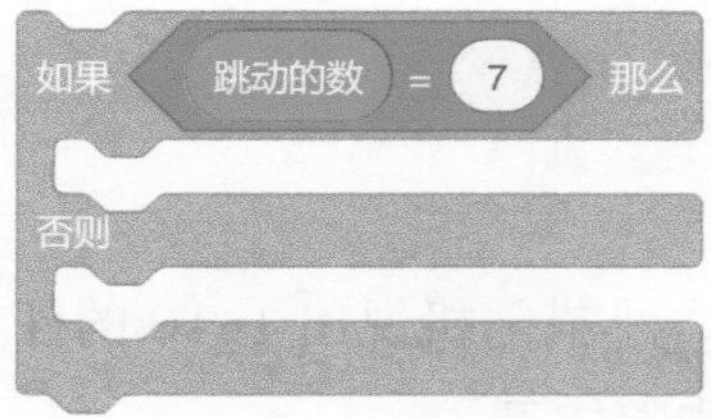

图3-7　设置判断条件

（2）编写判断条件后的执行代码：可以使用“外观”分类中的**“说 ××××秒”**积木进行速度控制。判断小猫是否说“跳过”的双分支结构的代码如图 3-8 所示。

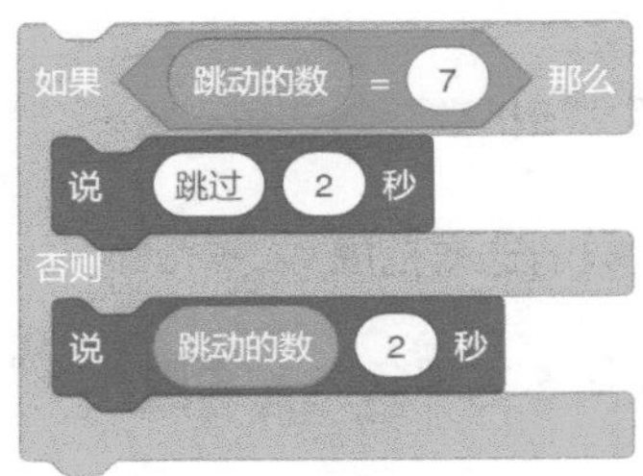

图3-8 判断小猫是否说“跳过”的代码

（3）“跳动的数”的完整代码如图 3-9 所示。

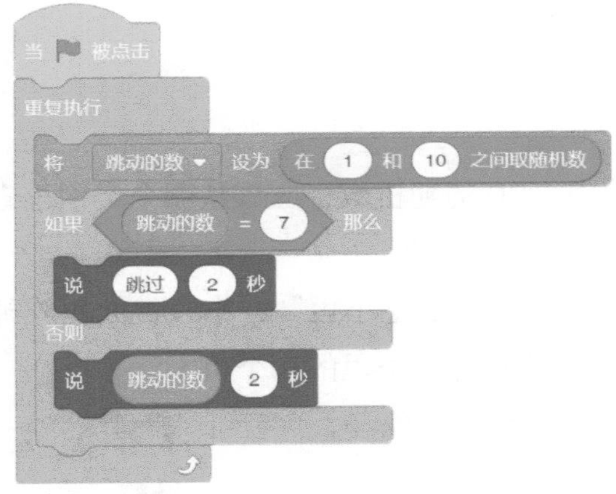

图3-9 “跳动的数”的完整代码

试一试

1. 让小猫说出 1~50 的任意数，遇到个位数是 7 时说“你好”。
2. 让小猫说出 1~100 的任意数，遇到 10 的倍数时说“满分”。

3.2 课程回顾

课程目标	掌握情况
1. 认识“随机数”积木，理解“随机数”的产生	☆☆☆☆☆
2. 能够根据应用场景判定随机数的选取范围	☆☆☆☆☆
3. 熟练运用双分支结构（**“如果 ×× 那么 ×× 否则 ××”**积木）编写代码	☆☆☆☆☆
4. 能够根据任务的要求，使用运算类积木为分支结构设置判断条件	☆☆☆☆☆

3.3 课程练习

1. 单选题

（1）要生成一个 0~100 的随机数，应该从哪个类别里查找积木？（ ）

A. 控制　　B. 运动　　C. 运算　　D. 外观

（2）小明设计了游戏“大鱼吃小鱼”，小鱼被大鱼吃掉后 2 秒内出现在舞台上的随机位置，需要用到运算分类里的哪个积木？（ ）

A. ( ) 除以 ( ) 的余数　　B. 四舍五入 ( )

C. 在 (1) 和 (10) 之间取随机数　　D. 移到 x: (0) y: (0)

（3）运行下面这段程序，以下说法错误的是（ ）。

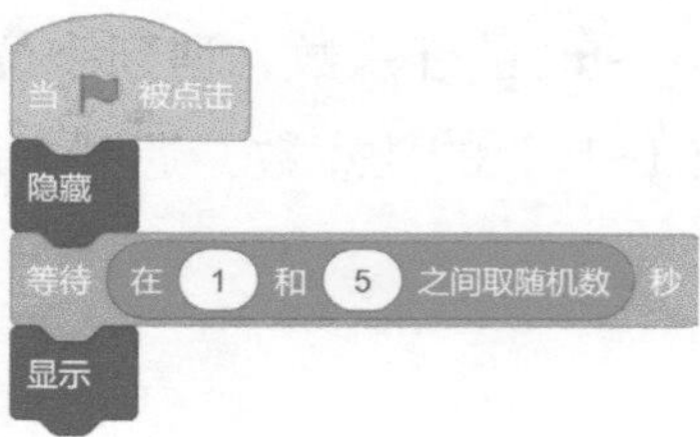

A. 角色初始状态是隐藏的　　B. 角色可能等待 3 秒显示

C. 角色可能等待 3.5 秒显示　　D. 角色至少等待 1 秒后显示

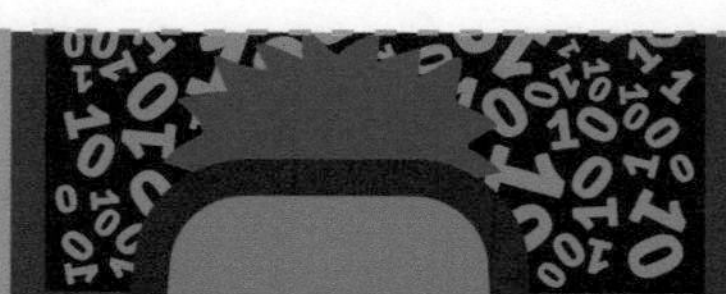

2．判断题

（1）运行 在 0 和 10.0 之间取随机数 积木生成的结果可能是5。（　　）

（2）在 0 和 1 之间取随机数 和 在 0 和 1.0 之间取随机数 两个积木生成的随机数范围是一样的。（　　）

3．编程题

编写程序：由小猫说出0~30随机出现的一个数，当这个数小于10或大于20时，小猫会发出“喵”的声音，然后说出这个数；否则直接说出这个数。

（1）准备工作

使用舞台上默认的背景和小猫角色。

（2）功能实现

建立变量，为变量赋值0~30的随机整数。

设置双分支结构的判断条件为变量的值小于10或大于20。

当条件成立时，小猫发出“喵”的声音且说出变量的值；否则，小猫直接说出变量的值。

3.4 提高扩展

本节课我们学习了随机数，了解了随机数的产生及应用范围的设置，并结合变量和运算类积木，为双分支结构设置合适的条件，帮助小猫实现了“跳数”。我们还可以利用随机数设计更多有趣的小游戏，如结合随机数和动作分类中的移到指定坐标积木就可以设计一个打地鼠的游戏，还可以尝试加入外观特效和声音，让游戏更加生动有趣。

第 4 课　循环计数
——应用多变量

你能快速算出 1+2+3+4+5+6+7+8+9+10+11+……+99+100 的结果吗？你是如何计算的？本课范例作品是“循环计数”，运用递推思想，将数依次相加，最后由小猫说出结果。“循环计数”范例作品如图 4-1 所示。

作品预览

图4-1 “循环计数”范例作品

4.1 课程学习

4.1.1 相关知识与概念

1. 高斯算法

据说大数学家高斯在小时候就发现了可以用（首项 + 末项）×n ÷ 2 的办法来计算“1+2+3+4+5+……+（n−1）+n”的结果，这样的算法被称为高斯算法。即（1+100）+（2+99）+（3+98）……+（50+51）……一共有 50 个 101，所以 50×101 就是从 1 加到 100 的和。

2. 递推思想（加数依次相加）

本课范例作品的程序中，计算 1+2+3+4+5+6+7+8+9+10+11+……+99+100 的结果是利用递推思想来解决的，即：

1+2=3

1+2+3=6

1+2+3+4=10

1+2+3+4+5=15

……

我们可以发现，这样的计算方法是将前面相加的和作为一个新的加数，再与下一个加数相加，即 1+2+3+4+5+6+7+8+9+10+11+……+99+100=（1 到 99 的和）+100，在这个过程中，加数与和都在发生变化，所以需要建立两个变量。

4.1.2 准备工作

1. 设置舞台背景

从“选择一个背景”对话框中添加名为“Chalkboard”图片作为舞台背景，同时删除默认的空白舞台背景。

2. 设置角色

保留默认的小猫角色，将小猫拖动到舞台下部的中间位置。

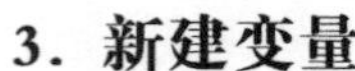

3. 新建变量

创建两个全局变量n、sum，用于记录变化的加数和两个数相加的和。如图4-2所示。

图4-2　新建变量n和sum

4.1.3 变量初始化

初始状态下，第一次计算1+2的和，1+2得到的结果3再和下一个加数3相加，变量n的初始值为2，所以变量sum的初始值为1。变量n和变量sum的初始化代码如图4-3所示。

图4-3　变量初始化代码

4.1.4 计算1+2

前面相加的和作为一个新的加数与下一个加数相加，用到“运算”分类中的“× ×+× ×”积木。因此计算sum=sum + n（即sum=1+2）的代码如图4-4所示。

图4-4　将变量sum的值设为sum + n的代码

小猫计算1+2的代码如图4-5所示。

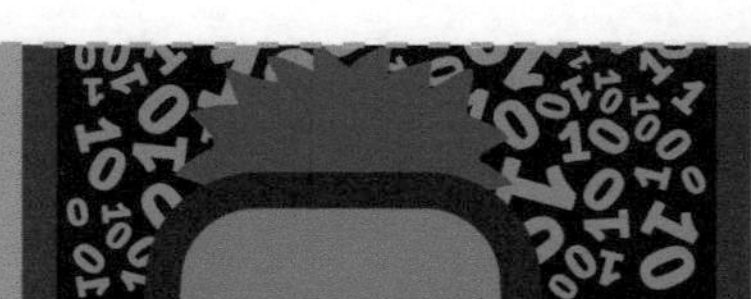

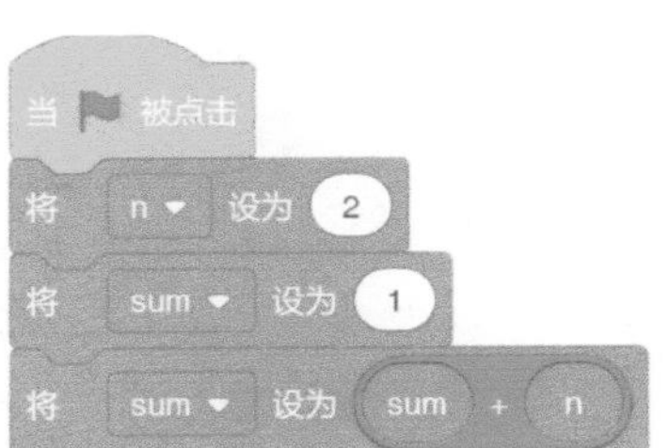

图4-5　计算1+2的代码

最后，让小猫说出运算结果，代码如图 4-6 所示。

当 被点击
将 n 设为 2
将 sum 设为 1
将 sum 设为 sum + n
说 1+2的和是 2 秒
说 sum 2 秒

图4-6　小猫计算并说1+2的结果的代码

4.1.5 计算1+2+3+……+100=?

本课范例作品的程序是“循环计数器”，它能快速、准确地得出 1+2+3+4+5+……+100 的答案。具体可以按以下步骤操作。

（1）变量初始化：经过前面的分析得知，变量 n 的初始值为 2，变量 sum 的初始值为 1。

（2）为变量 sum 赋值：将前面所有加数相加的和作为一个新的加数与下一个加数相加，即 sum=sum+n。

（3）范例中，将变量 n 增加 1，得到下一个加数。

（4）将上述运算过程重复 99 次。

（5）小猫说出 100 以内自然数相加的和。

完整的小猫计算 1+2+3+4+……+100 结果的代码和程序流程如图 4-7 所示。

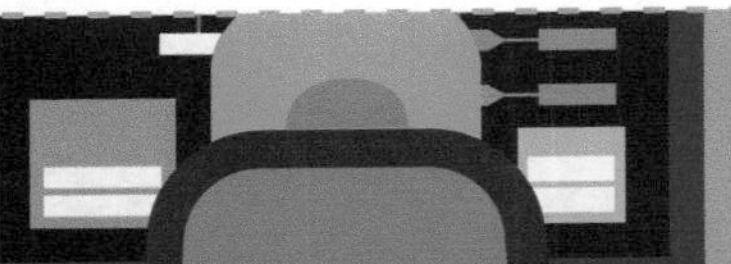

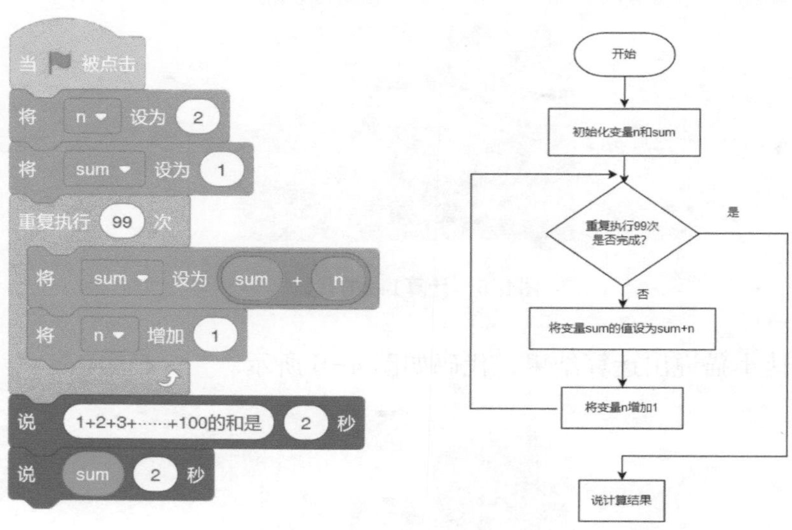

图4-7　小猫计算1+2+3+4+……+100结果的代码和程序流程图

试一试

1. 如果将重复执行的次数调整为 100，最终小猫说的变量 n 和 sum 的值分别是多少？
2. 编程计算：100 以内“所有 5 的倍数”的和，即 5+10+15+……+100=?

4.2 课程回顾

课程目标	掌握情况
1. 能够根据需要新建多个变量并正确命名	☆☆☆☆☆
2. 能够熟练运用运算类积木，正确地为变量赋值	☆☆☆☆☆
3. 进一步掌握“**重复执行 ×× 次**”积木的使用方法	☆☆☆☆☆
4. 能够理解和运用多变量的嵌套	☆☆☆☆☆

4.3 课程练习

1. 单选题

（1）要新建一个变量来存储计算的和，下面变量的命名中最恰当的是（　）。

A. 数字　　B. 和　　C. 结果　　D. 我的变量

（2）用 Scratch 程序计算“2×4×6×……×18×20”时，应该将变量的值每次增加（　）。

A.1　　B.2　　C.3　　D.4

（3）运行下面的代码，得到的结果是（　）。

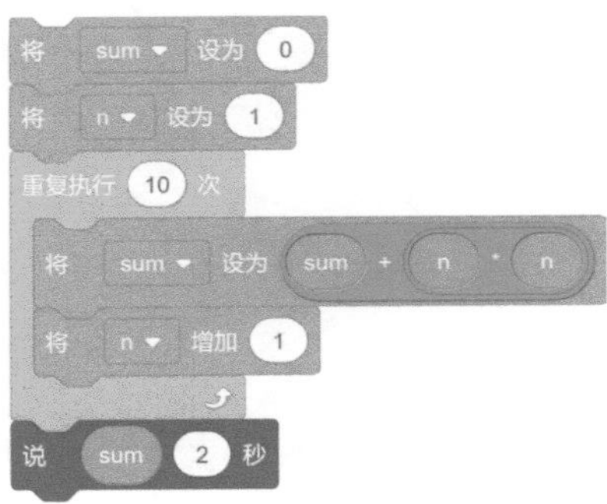

A. 最后输出 n 的值为 11　　B. 最后输出 n 的值为 10

C. 最后输出 sum 的值为 385　　D. 最后输出 sum 的值为 110

2. 判断题

（1）在一个作品中，两个变量的名称可以相同。（　）

（2）同一个程序中，变量的初始值不同，程序运行的结果一定不同。（　）

3. 编程题

数字数列 0，1，1，2，3，5，8，13，21，34，……称为斐波那契数列。数列最开头的两个数字是 0 和 1，之后每一项都是前两项之和。编写程序计算第 n 项的值，n 由用户输入。

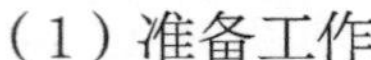

（1）准备工作

使用舞台上默认的小猫角色，并新建变量 n。

（2）功能实现

程序运行后，计算第 n 项的值，n 由用户输入（使用“询问 × × 并等待”积木）。

4.4 提高扩展

本节课，我们学习了多个变量的使用方法，完成了循环计数器的制作，使用记录迭代次数的变量与嵌套循环解决复杂的数学计算问题。小猫想进一步提升自己的运算能力，请为小猫设计一个“小猫学数学”的程序，它可以为小猫随机出题，还能判断小猫的回答是否正确，并统计小猫的正确题数。请编程帮助小猫完成这个心愿。

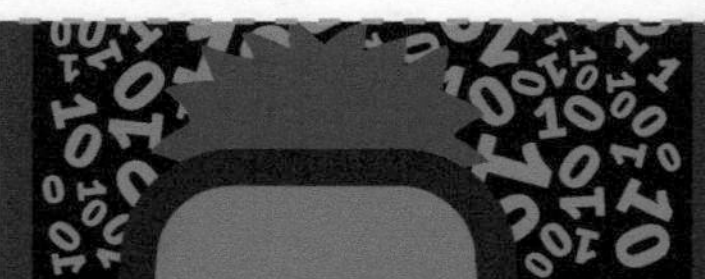

第 5 课　营养大师——应用选择嵌套

每天摄入的食物需要合理搭配，有主食、肉和蔬菜，营养才能均衡。本课范例作品是“营养大师”：在规定时间内，玩家操作键盘上的←、→方向键移动人物角色“Hannah”去吃（接）从舞台上方掉落的食物；吃到的食物搭配不同，得到的评价也不同。“营养大师”范例作品如图 5-1 所示。

作品预览

图5-1 “营养大师”范例作品

5.1 课程学习

5.1.1 相关知识和概念

选择嵌套是指在一个选择结构（**“如果 ×× 那么 ××”**或**“如果 ×× 那么 ×× 否则 ××”**积木）中嵌套另一个选择结构。当程序中包含多个条件需要

判断时，使用一个选择结构无法实现，此时需要在这个选择结构下再嵌套一个新的选择结构，才能实现对多个条件的判断。

在范例作品的程序中，角色吃食物时间结束后，将会对角色吃到的食物种类的搭配情况进行判断，在判断是否吃饱的基础上，再判断是否吃好，最后再判断是否营养均衡。而 3 种食物中，主食是最基础的，肉是很受欢迎的，蔬菜是营养均衡不可缺少的。

（1）程序先判断吃主食的数量是否满足吃饱的条件—— 吃主食的数量大于等于 3，又由于吃食物的数量都是整数，所以“吃主食的数量 >2”即可。若条件不成立，提示“营养搭配不均衡，还需努力哦！”；若条件成立，则继续判断是否满足吃好的条件。

（2）判断是否满足吃好的条件—— 吃肉的数量大于等于 1（写成“吃肉的数量 >0”），若条件不成立，提示“吃得真饱！”；若条件成立，则继续判断是否达到营养均衡的条件。

（3）判断是否达到营养均衡的条件—— 吃蔬菜的数量大于等于 2（写成“吃蔬菜的数量 >1”），若条件不成立，提示“吃得真好！”；若条件成立，则提示“恭喜你获得营养大师的称号！”。判断结束之后停止全部脚本。

本范例作品的程序中，选择嵌套程序流程如图 5-2 所示。

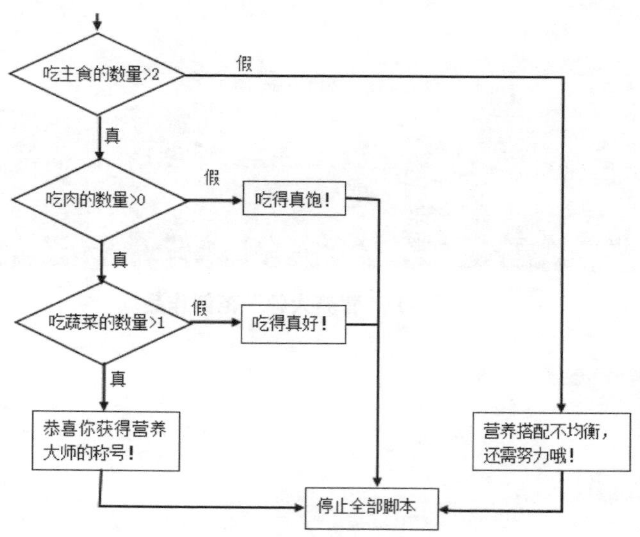

图5-2　选择嵌套程序流程图

5.1.2 准备工作

1. 设置舞台背景

从背景库中添加名为“Blue Sky”的图片作为舞台背景，同时删除默认的空白背景。复制“Blue Sky”背景，将其重命名为“营养均衡”，并用“文本”工具在图片中添加文字“恭喜你荣获营养大师的称号！”。

2. 设置角色

删除小猫角色，从角色库中添加新角色“Hannah”。

再从角色库中添加新角色“Donut”，并将其重命名为“主食”，然后打开“选择一个造型”对话框，为“主食”角色添加“Bread”和“Taco”两个造型。

选择“上传角色”，添加文件夹中的“鸡腿”和“大白菜”图片，分别将它们重命名为“肉”和“蔬菜”。然后为“肉”角色添加“牛肉”和“虾”这两个造型，为“蔬菜”角色添加“西红柿”和“胡萝卜”这两个造型。

3. 新建变量

新建3个全局变量“吃主食的数量”“吃肉的数量”“吃蔬菜的数量”，用于记录玩家吃到的主食、肉和蔬菜的数量。

5.1.3 设计“主食”角色的代码

在本课案例中，“主食”“肉”“蔬菜”3个角色的运动效果类似，它们都从舞台顶端下落，如果碰到“Hannah”，则重新回到舞台顶端下落，并将相应的变量的值加1；如果碰到舞台下边缘，同样重新回到舞台顶端下落，但相应变量的数值不变化。以“主食”角色的代码设计为例，具体的编程步骤如下。

（1）初始状态下，“主食”角色的造型为Donut，初始位置为舞台上边缘。

（2）y坐标的值减小可以使角色向下移动，重复减小y坐标的值则可实现角色下落的效果。

（3）“主食”角色在下落过程中，如果碰到舞台边缘，则将其移动到舞台

上边缘的任意位置，并切换下一个造型。

（4）如果“主食”角色碰到“Hannah”角色，也会移动到舞台上边缘，同时将变量“吃主食数量”的值加 1，并切换下一个造型。

“主食”下落及判断的关键代码如图 5-3 所示。

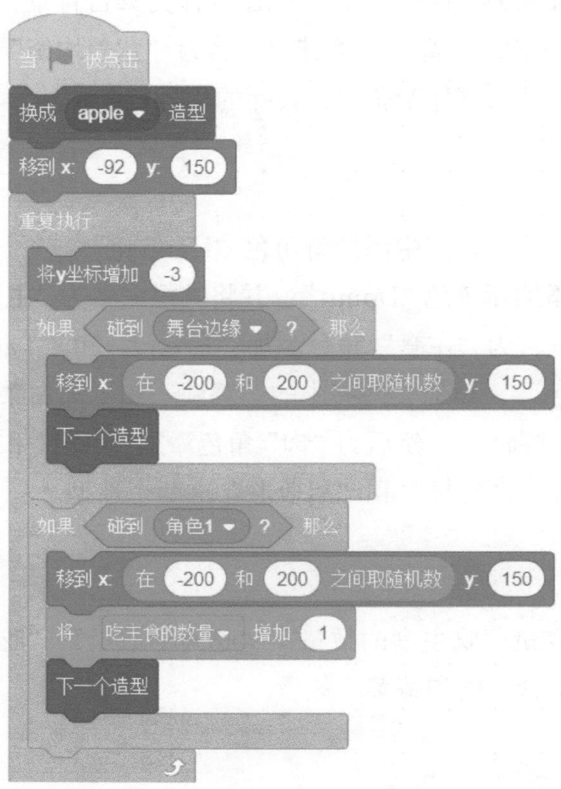

图5-3 “主食”下落及判断的关键代码

试一试

1. 打开 Scratch，根据以上步骤的描述，完成“主食”角色的完整代码。
2. 根据“主食”角色代码的编程思路，完成“肉”和“蔬菜”两个角色代码的设计。

5.1.4 设计“Hannah”角色的代码

本范例作品的程序中，玩家用←、→方向键控制“Hannah”角色移动，然后通过比较吃 3 种食物的数量，获得不同评价。具体编程思路如下。

1. 初始化角色

初始状态下，舞台背景为“Blue Sky”，“Hannah”角色的旋转方式为“左右翻转”，同时 3 个变量的初始值均为 0。

2. 控制“Hannah”角色移动

分别用“←”或者“→”控制“Hannah”角色向对应的方向移动。

3. 判断和评价

在规定的吃食物时间结束后，程序需要重复判断“Hannah”角色吃的“主食”“肉”“蔬菜”的数量。如果不满足吃主食的数量大于 2 的条件，提示“营养搭配不均衡，还需努力哦！”；如果只满足吃主食的数量大于 2 的条件，则提示“吃得真饱！”；如果在满足吃主食的数量大于 2 的条件的基础上，再满足吃肉的数量大于 0 的条件，但不满足吃蔬菜的数量大于 1 的条件，则提示“吃得真好！”；只有同时满足吃主食的数量大于 2、吃肉的数量大于 0、吃蔬菜的数量大于 1 这 3 个条件，才提示“恭喜你获得营养大师的称号！”。

“Hannah”角色移动和获取食物的关键代码如图 5-4 所示。

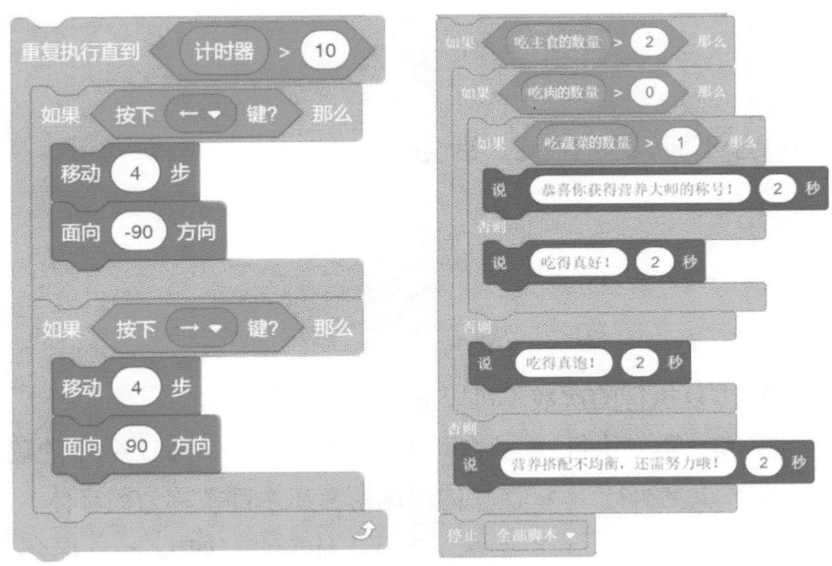

图5-4 “Hannah”角色移动和获取食物的关键代码

想一想 仔细思考“Hannah”角色代码的编程思路，想一想还有其他可以控制“Hannah”角色的方式吗？

5.2 课程回顾

课程目标	掌握情况
1. 能够使用选择结构（**“如果 × × 那么 × ×”**或**“如果 × × 那么 × × 否则 × ×”**积木）与循环结构（**“重复执行”**或**“重复执行直到 × ×”**积木）嵌套实现复杂条件判断	☆☆☆☆☆
2. 能够综合运用各种积木，利用对多变量的比较进行条件判断	☆☆☆☆☆

5.3 课程练习

1. 单选题

（1）在 Scratch 中执行下面的代码，能完成变量从 0~10 累加的是（　　）。

A. 

B.

C. 

D. 

（2）关于下面积木的描述，错误的是（　　）。

A. 重复执行的次数不可以通过变量来控制

B. 在“重复执行 × × 次”内部的积木会按照从上到下的顺序执行

C.“重复执行 × × 次”内部的所有积木都被称为循环体

D. 在“重复执行 × × 次”内部不能嵌套“如果 × × 那么 × ×”积木

（3）执行下面这段程序，按下两次“空格键”后，程序运行的结果是（　　）。

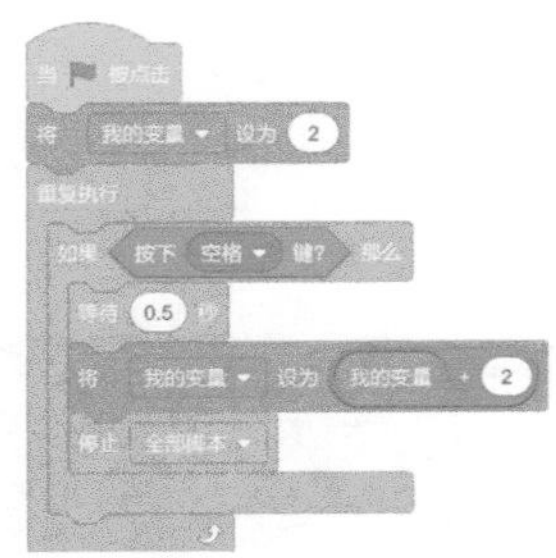

A. 4　　B. 2　　C. 6　　D. 8

2．判断题

（1）在循环结构里只能嵌套选择结构或者循环结构，不能嵌套顺序结构。（　　）

（2）如果在循环结构里又嵌套了循环结构，则无法退出循环。（　　）

3．编程题

请制作一个“小猫放气球”的游戏。

（1）准备工作

从背景素材库里选择“Blue Sky”作为背景，并删除默认的空白背景。

选择舞台上默认的小猫角色，设定该角色大小为80，位置为（-200，-140）；并添加名为“Balloon1”的角色，设定该角色大小为60，位置为（0，-150）。

（2）功能实现

点击绿旗开始游戏，使用键盘上的←、→方向键控制小猫在舞台上来回移动。

设置气球随机出现在舞台上 y 坐标为 -150 的任意位置。

当小猫触碰到气球时，气球上升，上升到舞台上边缘时消失。每升起一个气球，变量得分加1。

限时1分钟，得分大于或等于10时游戏胜利；反之，游戏失败。

5.4 提高扩展

请结合你所学的“变量”“随机数”等知识完善你的程序，使角色能够出现在舞台上的随机位置。另外，改变气球上升的速度，使气球每次以不同的速度升起，增强游戏的趣味性。快动手搭建代码吧！

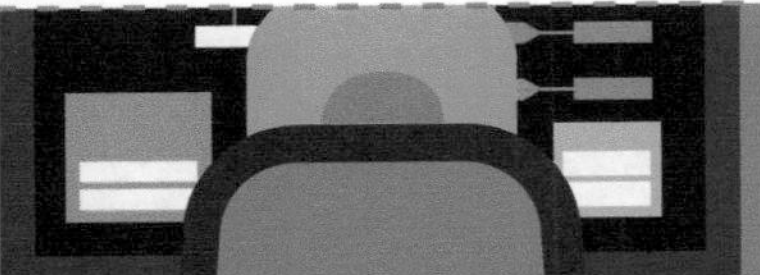

第 6 课　猜数游戏
——应用有限循环与选择的嵌套

你来比划我来猜、猜字谜等益智游戏深受小朋友的喜爱。本课范例作品是“猜数游戏”：程序自动生成一个 1~10 的随机数作为被猜数字，玩家共有 3 次猜数机会，每次猜数都会有相应的提示。如果在 3 次机会内猜数正确，则挑战成功；3 次机会用完后仍没有猜中，则挑战失败，游戏界面如图 6-1 所示。

作品预览

图6-1 “猜数游戏”范例作品

6.1 课程学习

6.1.1 相关知识与概念

有限次数的循环（**“重复执行 × × 次”**积木）和选择结构（**“如果 × × 那**

么××”积木）组成的嵌套结构被称为“有限循环与选择的嵌套”。“有限循环与选择的嵌套”的代码及程序流程如图 6-2 所示。

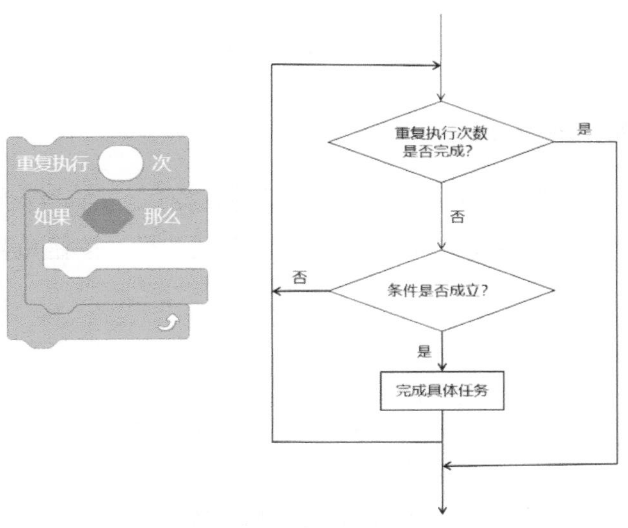

图6-2　“有限循环与选择的嵌套”的代码及程序流程图

6.1.2 准备工作

1. 设置舞台背景

从背景库中添加名为“Hearts”的图片作为舞台背景，并将背景造型的名称更改为“游戏开始”；将其复制两次，分别重命名为“游戏胜利”和“游戏失败”。用文本工具添加文字“游戏胜利”和“游戏失败”，并删除默认的空白舞台背景。

2. 设置角色

保留小猫角色；添加名为“Button2”的按钮角色，然后使用文本工具添加文字“开始”，并将角色重命名为“按钮”。

使用绘制角色的方法添加此游戏的标题“猜数游戏”。

3. 新建变量

新建全局变量“数字”和“猜数次数”，分别用于记录被猜的随机数和小猫的猜数次数。

6.1.3 设计启动界面

本范例程序有一个游戏启动界面，主要包括“按钮”和“标题”两部分。

1. 为按钮角色添加代码

按钮角色有两种造型，分别命名为“1”和“2”。当“绿旗”被点击时，切换到造型“1”；当按钮角色被点击时，切换到造型“2”。按钮角色的代码如图6-3所示。

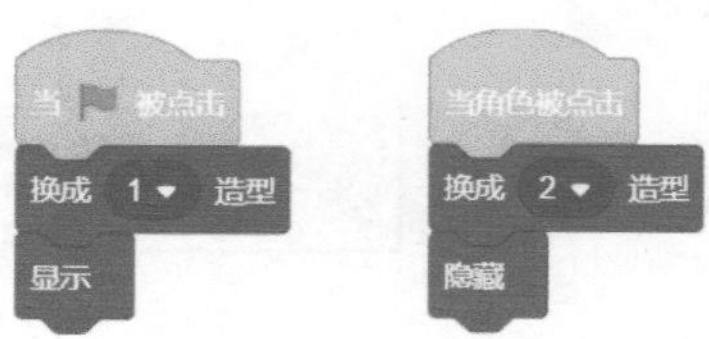

图6-3 按钮角色的代码

2. 为“标题”角色添加代码

在程序开始执行后、按钮被按下前，“标题”角色重复执行放大、缩小和变换颜色的代码。为了实现标题文字的放大、缩小和颜色变换，需要用两个有限次数的循环。

在范例中，想要实现按钮被点击时，标题隐藏，需要使用Scratch中“侦测”分类中用于侦测角色或舞台属性的“×× 的 ××”积木，实现一个角色对另一个角色的控制。为了方便呈现，现将原本连接在一起的代码切分为两部分，“标题”角色放大、缩小和变换颜色的代码如图6-4所示。

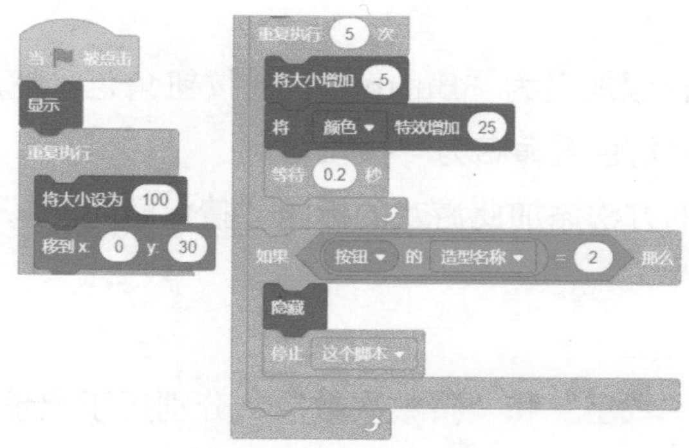

图6-4 “标题”角色放大、缩小和变换颜色的代码

想一想

1. 使用“侦测”分类的“**×× 的 ××**”积木还能够获得角色的哪些信息？
2. 图 6-4 中“**停止这个脚本**”积木在“**重复执行 ×× 次**”积木中的作用是什么？尝试比较添加与不添加这个积木对于程序执行结果的影响。

6.1.4 初始化小猫角色

范例作品的程序中，点击“开始”按钮前，小猫一直处于隐藏状态，然后移动到舞台中心位置，直到按下“开始”按钮 2 秒后，小猫才显示。小猫的初始化代码如图 6-5 所示。

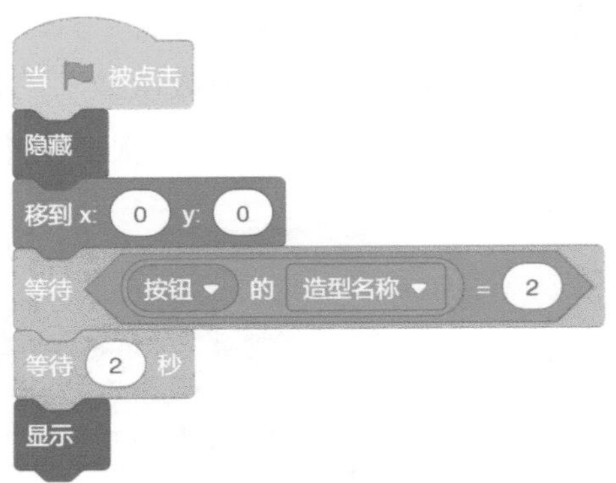

图6-5　小猫的初始化代码

想一想

比较“控制”分类中“**等待 ×× 秒**”和“**等待 ××**”两个积木，说一说二者间的区别是什么。

积木	积木的用途
等待 1 秒	
等待	

6.1.5 判断猜数结果与控制猜数次数

（1）使用**“询问 ×× 并等待”**积木让玩家输入答案，并比较“回答”与变量“数字”进行判断，如表 6-1 所示。

表6-1 比较“回答”与变量“数字”，进行判断

“回答”与“数字”的关系	判断结果
回答 > 数字	提示“你猜的数字有点大哦”
回答 < 数字	提示“你猜的数字有点小哦”
回答 = 数字	说“太棒啦你猜对了”

（2）小猫有 3 次猜数机会，所以“猜数次数”的初始值为 3，每猜数一次，无论对错，“猜数次数”的值都减 1。当“猜数次数”的值等于 0 时，游戏失败。当小猫完成 3 次猜数后，跳出循环。如果不到 3 次就猜中数字，则游戏胜利。关键代码如图 6-6 所示。

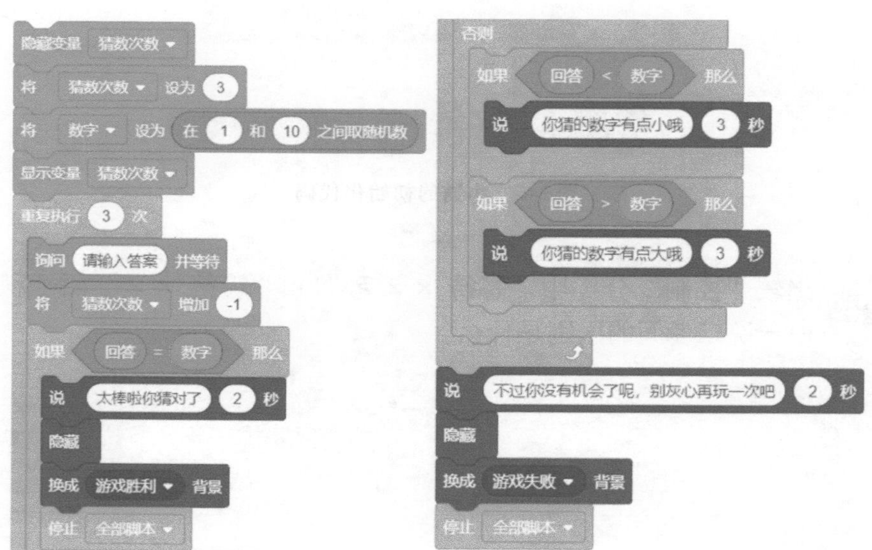

图6-6 小猫猜数的关键代码

试一试 请参考图 6-6 中的关键代码，完成猜数游戏完整代码的编写。

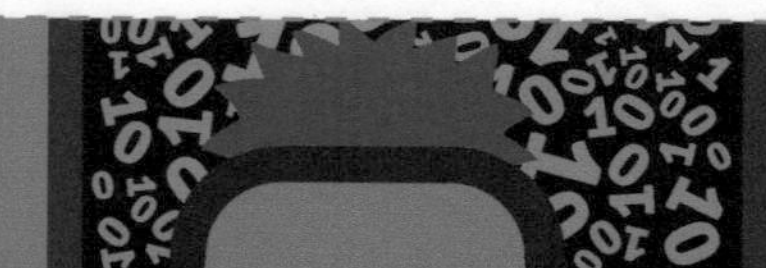

6.2 课程回顾

课程目标	掌握情况
1. 掌握有限次数循环的运用方法	☆☆☆☆☆
2. 学会在有限次数循环中嵌套选择语句达到特定循环效果	☆☆☆☆☆
3. 能够为游戏设计一个启动动画	☆☆☆☆☆
4. 学会通过侦测其他角色的属性控制程序执行的方法	☆☆☆☆☆
5. 了解在循环体中添加**"停止这个脚本"**积木停止循环的方法	☆☆☆☆☆

6.3 课程练习

1. 单选题

（1）在下面的代码中，重复执行的循环体是（　　）。

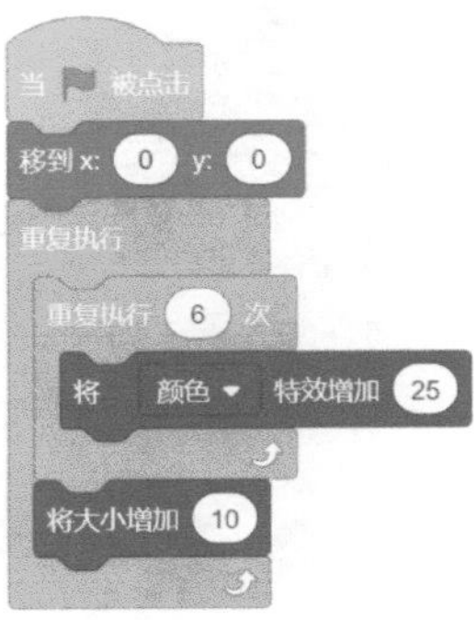

A. 

B. 

C. 

D. 

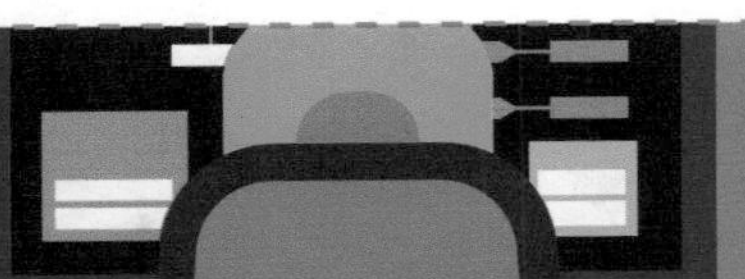

（2）在 Scratch 中，运行下面左图所示的代码，角色小蓝点在右图中移动的步数为（　　）。

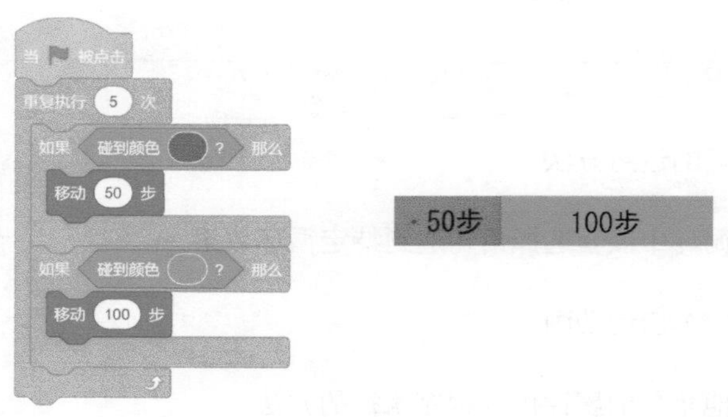

A. 10　　B. 20　　C. 30　　D.50

（3）在 Scratch 中运行下列代码，角色在（30，101）处，绘制出的图形是（　　）。

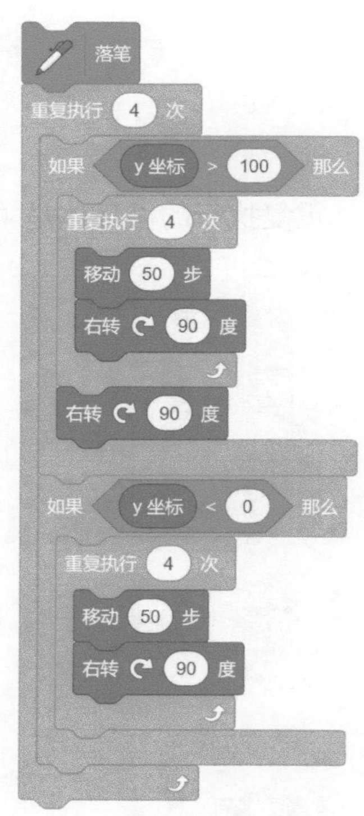

A. 田　　B. 日　　C. 口　　D. 以上都不对

2．判断题

（1）在 Scratch 中，有限次数循环的循环次数只能由循环次数参数决定。（　　）

（2）在 Scratch 中，只能使用有限次数循环停止循环。（　　）

3．编程题

编写一个能够随机出 5 道 20 以内加法练习的程序，并能够对回答结果进行判断。

（1）准备工作

在背景库中添加名为“Chalkboard”的背景，并删除舞台上默认的空白背景。

新建变量“加数 1”“加数 2”“和”，分别用于存储加法算式的两个加数及计算结果。

保留程序中默认的小猫角色。

（2）功能实现

程序自动为“数字 1”和“数字 2”随机赋值（1~10 的随机整数），小猫说出题目并等待输入结果。如果输入结果正确，提示“回答正确！”；如果结果错误，则提示“答案不对哦，请你再想一想”。5 道题答题结束后提示“答题结束”并停止运行程序。

6.4 提高扩展

结合造型切换和判断造型的方法制作“看图猜成语”游戏：每次随机出现一张图片，让玩家根据图片的内容猜成语，并能够自动判断所猜成语的对错。每答对一题加 10 分，答错一题扣 5 分，计时一分钟，看玩家能获得多少分。快编写程序试一试吧！

第 7 课　躲避游戏
——应用循环与复杂条件判断的嵌套

本课范例作品是“躲避游戏”：玩家用方向键控制鹦鹉躲避舞台上随机出现的乱箭，并收集宝石获取得分，每收集一颗宝石，得分增加 10；当得分增加到指定范围，鹦鹉的大小也会增大；当得分大于 500 时，玩家获胜；每当鹦鹉被箭头击中，得分减 30；得分小于 0 时，游戏失败。“躲避游戏”范例作品如图 7-1 所示。

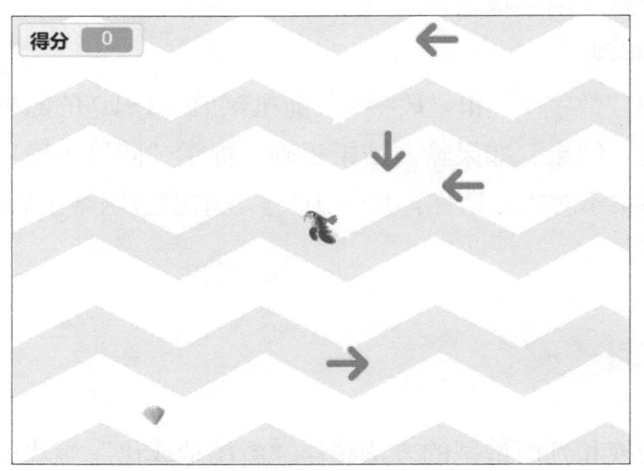

作品预览

图7-1 “躲避游戏”范例作品

7.1 课程学习

7.1.1 相关知识与概念

Scratch 程序通常需要频繁地对角色的状态进行判断，并根据判断结果执行不同的代码。我们把这种在循环结构里包含复杂条件判断的结构称为“循环与复

杂条件判断的嵌套”。

Scratch 中常用的“循环与复杂条件判断的嵌套”积木及对应的程序流程如图 7-2 所示。

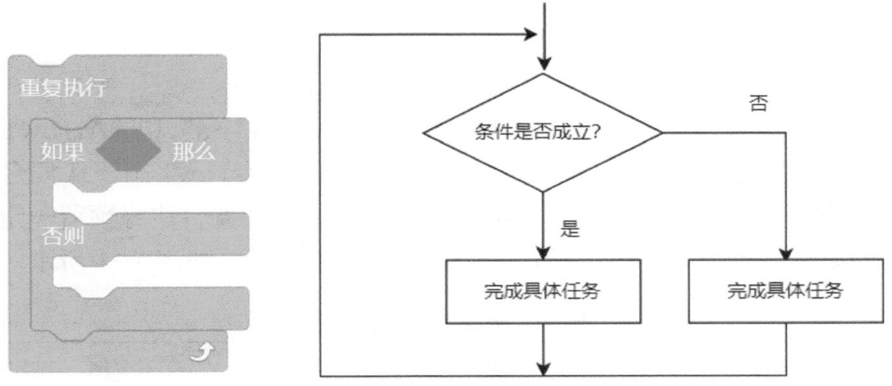

图7-2　“循环与复杂条件判断的嵌套”积木及对应的程序流程图

7.1.2 准备工作

1. 设置舞台背景

从背景库中添加名为“Stripes”的背景图片作为舞台背景，删除默认的空白舞台背景；再复制两个相同的“Stripes”背景，在第 2 个背景上添加文字“WONDERFUL”，作为游戏胜利的背景；在第 3 个背景上添加文字“GAME OVER”，作为游戏失败的背景。

2. 设置角色

删除默认的小猫角色，并从角色库中添加名为“Parrot”“Arrow1”“Crystal”“Heart Face”的角色，将角色“Arrow1”重新命名为“Arrow1-a”。

将“Arrow1-a”角色复制 3 次，分别重命名为“Arrow1-b”“Arrow1-c”“Arrow1-d”。

角色“Parrot”默认有“Parrot-a”和“Parrot-b”两个造型，复制造型“Parrot-a”获得造型“Parrot-a1”，复制造型“Parrot-b”获得造型“Parrot-b1”。在造型“Parrot-a1”中，绘制空心圆圈住鹦鹉，接着复制空心圆并粘贴到造型“Parrot-b1”中圈住鹦鹉，代表鹦鹉的受保护状态。

3. 新建变量

新建“随机造型”“得分”“保护时间”这 3 个全局变量，分别用于存储箭头的造型编号、游戏的得分和鹦鹉受保护的时间。

7.1.3 控制箭头移动

箭头会出现在舞台上的任意位置，其中角色“Arrow1-a”和“Arrow1-b”从舞台的左右两端横穿舞台；角色“Arrow1-c”和“Arrow1-d”从舞台的上下两端横穿舞台。为了让箭头始终在舞台上显示，需要在舞台边缘预留一定的空间。为了更好地达到效果，可以设定 4 个箭头的出发位置，如表 7-1 所示。

表7-1 箭头的出发位置

角色名称	造型	出发的位置
Arrow1-a	→	移到 x: -220 y: 在 -160 和 160 之间取随机数
Arrow1-b	←	移到 x: 220 y: 在 -160 和 160 之间取随机数
Arrow1-c	↓	移到 x: 在 -220 和 220 之间取随机数 y: 160
Arrow1-d	↑	移到 x: 在 -220 和 220 之间取随机数 y: -160

用 1~4 的随机数代表箭头每次发射时的造型，并将其赋值给变量“随机造型”。“Arrow1-a”移动的关键代码如图 7-3 所示。

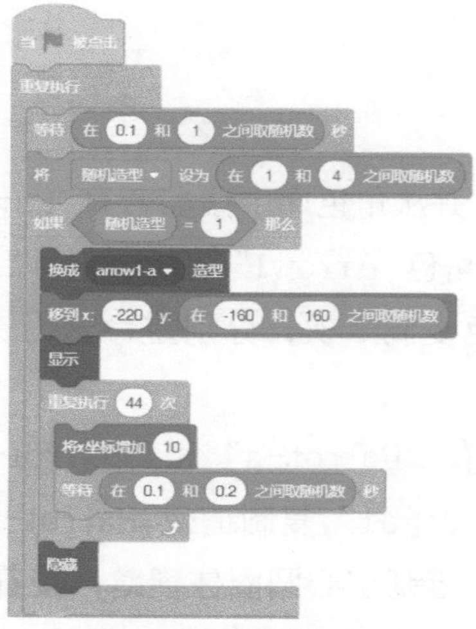

图7-3 “Arrow1-a”移动的关键代码

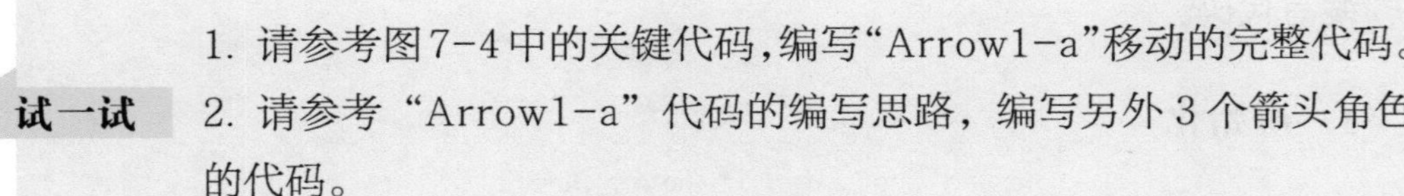

试一试　1. 请参考图 7-4 中的关键代码，编写“Arrow1-a”移动的完整代码。
2. 请参考“Arrow1-a”代码的编写思路，编写另外 3 个箭头角色的代码。

7.1.4 控制宝石移动

“宝石”是游戏中一个重要的奖励机制，它在舞台上随机出现。每收集到一颗宝石，得分增加 10，然后宝石重新出现在舞台上的随机位置；没有被收集到的宝石将在 3 秒后消失并重新出现。宝石移动的代码如图 7-4 所示。

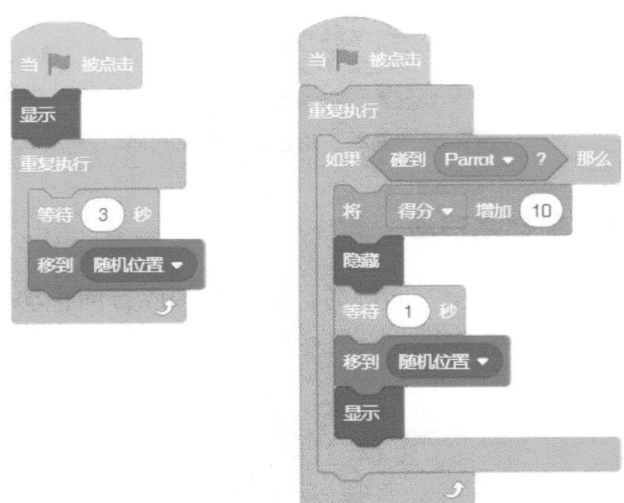

图7-4　宝石移动的代码

试一试　“红心”是游戏中的另一个奖励机制，会提供 8 秒保护时间（碰到箭头，鹦鹉也不会受伤）。“红心”的移动与“宝石”的移动类似，它会在随机的时间出现在舞台的随机位置，请试着为“红心”编写代码。

7.1.5 控制鹦鹉移动

鹦鹉出现在舞台上的任意位置，玩家通过方向键控制鹦鹉移动，可以按以下

步骤编写代码。

1．初始化

游戏开始时，鹦鹉的造型为“Parrot-a”，将其大小设为 20，旋转方式设为左右翻转，并使其出现在舞台上的随机位置，代码如图 7-5 所示。

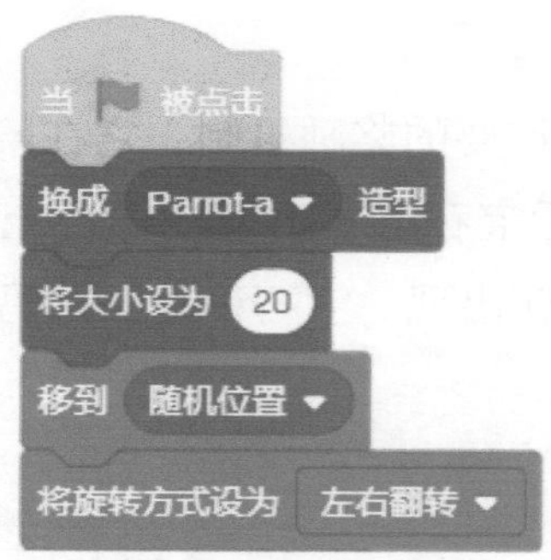

图7-5 “鹦鹉”角色的初始化代码

2．用方向键控制鹦鹉移动

当玩家按↑、↓、←、→方向键时，鹦鹉在相应方向移动 10 步。以按下↑键为例，参考代码如图 7-6 所示。

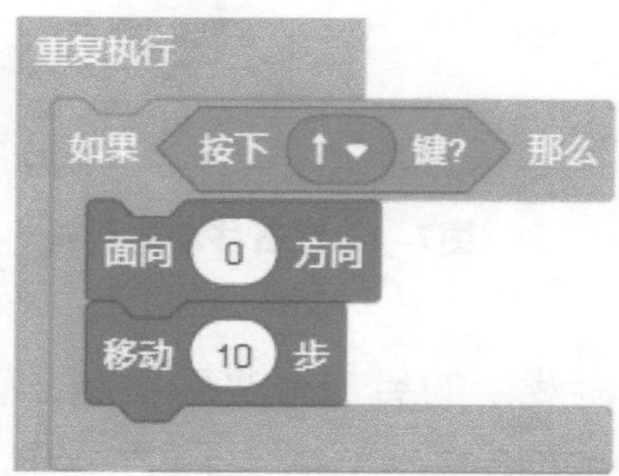

图7-6 ↑键控制鹦鹉向上移动的代码

3．碰到红心，开启保护模式

如果鹦鹉碰到红心，将其造型切换为“Parrot-a1”和“Parrot-b1”，并获得 8 秒的保护时间，此时即使鹦鹉被箭头击中也不会受到减分的惩罚。8 秒后鹦鹉恢复造型“Parrot-a”和“Parrot-b”。代码如图 7-7 所示。

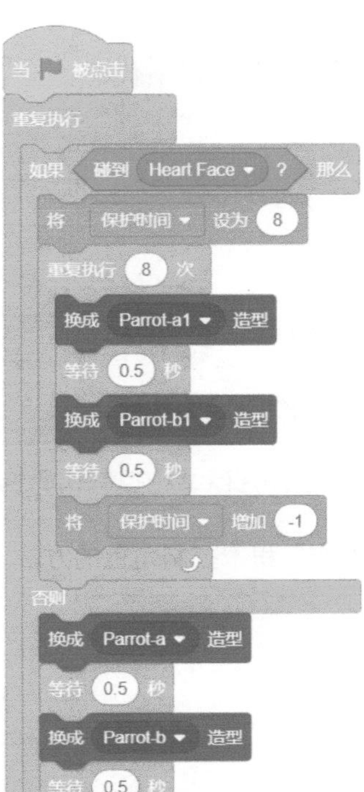

图7-7　鹦鹉碰到红心的处理代码

4. 通过得分控制鹦鹉大小及游戏进程

如果得分小于 100，将鹦鹉的大小设置为 20；如果得分大于 100，则将鹦鹉大小设置为 30；如果得分大于 300，则将鹦鹉大小设置为 40；如果得分大于 500，则表示游戏胜利；如果得分小于 0，表示游戏失败，代码如图 7-8 所示。

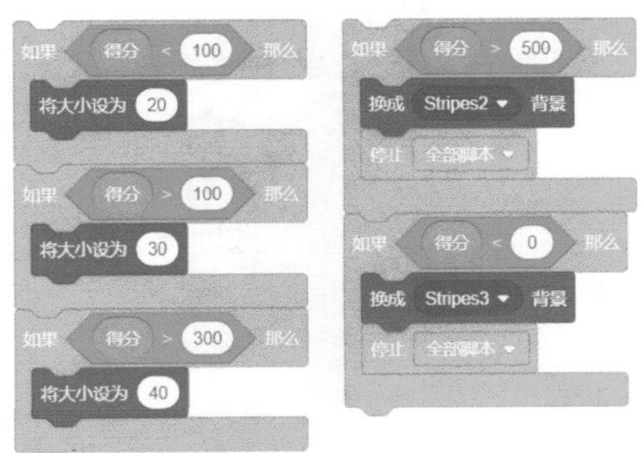

图7-8　通过得分控制鹦鹉大小及游戏进程的代码

练一练　尝试编写控制鹦鹉移动的完整代码。

7.2 课程回顾

课程目标	掌握情况
1. 能够用随机数控制角色的造型并执行不同的代码	☆ ☆ ☆ ☆ ☆
2. 能够在循环结构中利用嵌套复杂条件判断结构控制代码执行	☆ ☆ ☆ ☆ ☆
3. 进一步掌握用**“重复执行 × × 次”**积木控制角色的方法	☆ ☆ ☆ ☆ ☆

7.3 课程练习

1. 单选题

（1）关于循环结构的嵌套，下面用法正确的是（　　）。

A. 重复执行 10 次 / 重复执行 10 次　　B. 重复执行 / 重复执行 10 次　　C. 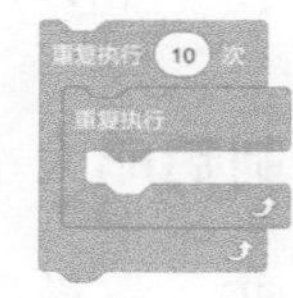

D. 

（2）运行下面的代码，变量最终的值是（　　）。

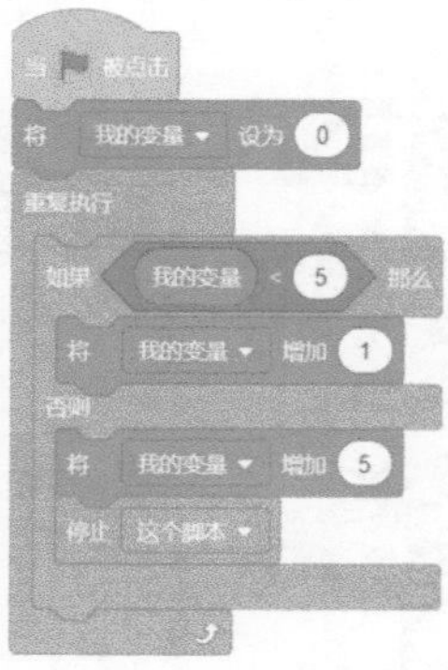

A. 5　　B. 10　　C. 无限增大　　D. 0

（3）在 Scratch 中运行下列代码后，角色会出现在舞台上方的选项是（　　）。

A. 

B.

C.

D. 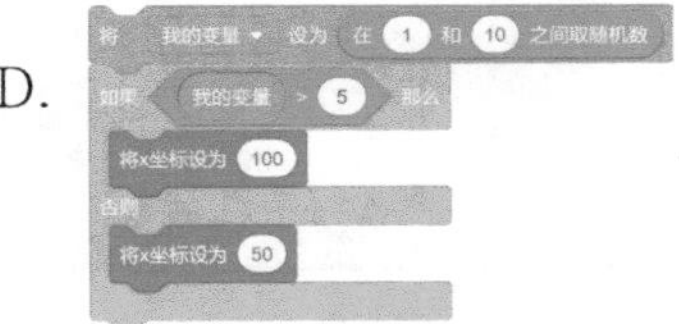

2．判断题

（1）在 Scratch 中，任何情况都可以用“如果 × × 那么 × × 否则 × ×”积木实现效果。（　）

（2）在 Scratch 中，条件判断结构里面不能嵌套任何循环结构。（　）

3．编程题

请编写一个“保卫家园”的游戏。

（1）准备工作

导入背景图片“房子”和“游戏失败”，并删除舞台上默认的空白背景；导入 2 个角色“歹徒”和“准星”，删除默认的小猫角色；新建变量“得分”用于存储游戏得分。

（2）功能实现

游戏开始后，歹徒会不断从房子的门、窗处随机出现，当玩家把准星对准歹徒并按下鼠标左键时射击成功，得分加 2。1 分钟之内得分达到 30，游戏胜利；反之，游戏失败。

7.4 提高扩展

请结合“声音”分类的相关积木，为游戏添加合适的音效。如：当鹦鹉获得宝石时播放相应提示音，当鹦鹉大小增大时播放庆祝音效，当鹦鹉获得保护罩时持续播放音效提醒。快动手试一试，让你的作品更有趣吧！

第 8 课 射击游戏
——跳出循环的方法

本课的范例作品是“射击游戏”：玩家用方向键控制军舰移动，用空格键发射鱼雷。初始“生命值”为 10，每过 3 秒，生命值减 1。若军舰击中潜水艇，生命值加 3；若击中小鱼，生命值减 1。炮弹数的初始值为 30，军舰每射击 1 次，炮弹数减 1。当“生命值”小于 0 或者“炮弹数”小于 0 时，游戏失败；当“生命值”大于 30 时，游戏胜利。“射击游戏”范例作品如图 8-1 所示。

作品预览

图8-1 “射击游戏”范例作品

8.1 课程学习

8.1.1 相关知识与概念

我们已经学习了循环结构与选择结构的嵌套。今天我们将运用条件循环结构的嵌套，控制程序执行的顺序。当满足条件时跳出循环，继续执行循环体外的代码，从而完成射击游戏编程。

在Scratch中，常见的“条件循环”和“跳出循环”的程序流程如图8-2所示。

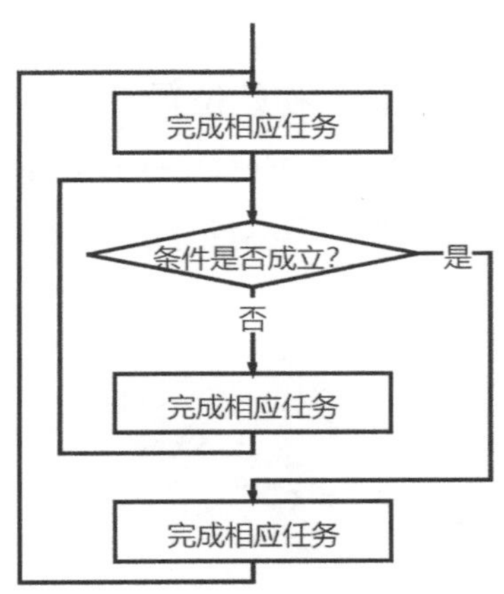

图8-2　“条件循环”和“跳出循环”的程序流程图

8.1.2 准备工作

1. 设置舞台背景

首先绘制背景，利用“矩形”工具，然后分别选择“蓝天”和“大海”的颜色绘制上面是蓝天，下面是大海的游戏背景。为了便于设计游戏，大海所占的空间需要更大。

复制该背景，将其重命名为“游戏失败”，并用文本工具输入“游戏失败”；再用同样的方法得到背景“游戏胜利”，并删除默认的空白舞台背景。

2. 设置角色

射击游戏一共有4个角色，分别为“军舰”“鱼雷”“潜水艇”“礼物盒”。

可以参考图 8-1 中的角色造型，从网上下载类似的图片并上传，然后删除默认的小猫角色。

3. 新建变量

为了增加游戏的趣味性，我们可以新建两个全局变量“生命值”和“炮弹数”，分别用于记录军舰的生命值和剩余炮弹数，两个变量均显示在舞台上方。

8.1.3 控制军舰发射鱼雷

1. 控制军舰

将“军舰”大小设置为合适值，初始位置设为“天空”和“大海”的交界处，这样军舰看起来是浮在海面上的。通过←、→方向键控制军舰左、右移动，并设置军舰的旋转方式为“左右翻转”，控制军舰移动的代码如图 8-3 所示。

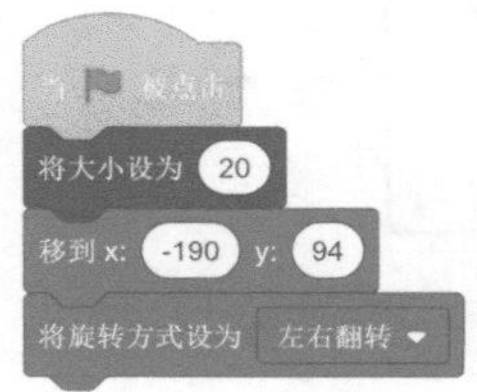

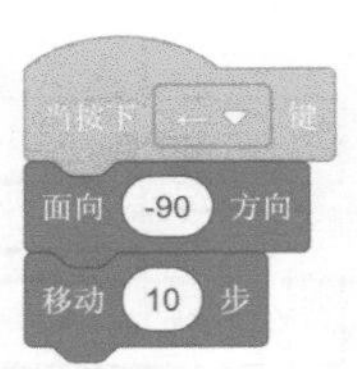

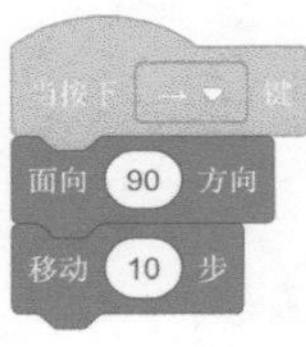

图8-3 控制军舰移动的代码

2. 发射鱼雷

鱼雷的初始状态为“隐藏”，按下空格键后从军舰处向下发射，每发射一次，变量“炮弹数”的值减 1，碰到舞台下边缘后，鱼雷隐藏，并停止运行当前脚本，具体可按以下步骤操作。

（1）鱼雷需要移动到军舰的 x 坐标处，y 坐标为海面的位置（80）。

（2）鱼雷需要不停地向下移动，直到碰到舞台的下边缘，鱼雷才会隐藏并停止当前脚本。

（3）为了增强游戏的动画效果，在鱼雷向下移动的过程中可增加鱼雷左右晃动的效果。

（4）使用“控制”分类中的**“重复执行直到 × ×”**积木跳出循环，完整的发射鱼雷的代码如图 8-4 所示。

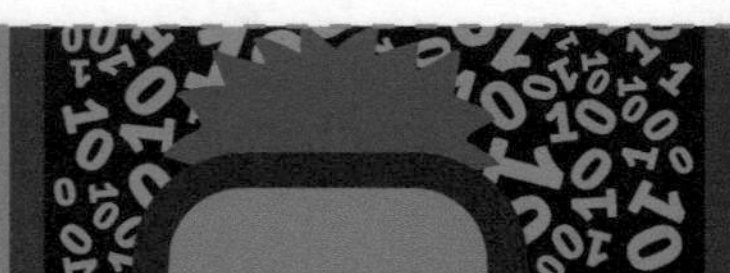

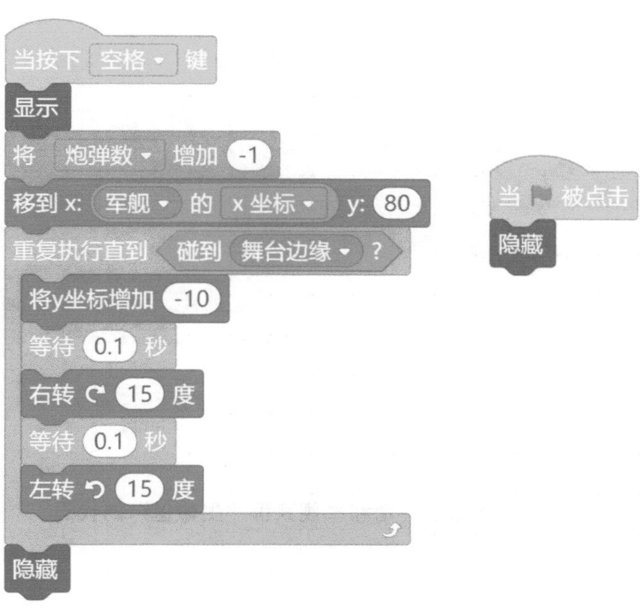

图8-4　发射鱼雷的代码

想一想　在条件循环积木**“重复执行直到 × ×”**中可以嵌入哪几种类型的积木?

积木类型	判断条件

8.1.4 控制潜水艇

在范例作品的程序中，潜水艇有 3 个不同的造型，每次都会以一个随机造型从舞台左侧的海面以下位置出现，如果碰到舞台边缘将跳出循环。

游戏开始时军舰的“生命值”为 10，每过 3 秒减 1。如果潜水艇被鱼雷击中，则潜水艇消失，同时军舰的“生命值”加 3，然后潜水艇会从舞台左侧重新出现。完整的潜水艇移动和军舰获得“生命值”的代码如图 8-5 所示。

```
当 🏁 被点击
将大小设为 20
重复执行
    移到 x: -180 y: 在 -150 和 20 之间取随机数
    换成 在 1 和 3 之间取随机数 造型
    显示
    重复执行直到 碰到 舞台边缘 ?
        移动 10 步
        等待 在 0.1 和 0.2 之间取随机数 秒
    隐藏
    等待 在 1.0 和 3 之间取随机数 秒
```

```
当 🏁 被点击
重复执行
    如果 碰到 鱼雷 ? 那么
        将 生命值 增加 3
        隐藏
        等待 在 1.0 和 3 之间取随机数 秒
        移到 x: -180 y: 在 -150 和 20 之间取随机数
        换成 在 1 和 3 之间取随机数 造型
        显示
```

图8-5　潜水艇移动和军舰获得“生命值”的代码

8.1.5 小鱼的移动

小鱼在游戏中是一个惩罚机制，间隔 3~5 秒会在舞台上的大海部分随机出现，然后向着舞台的右侧移动，直到碰到舞台边缘消失，随即重新出现在舞台上，代码如图 8-6 所示。

```
当 🏁 被点击
将大小设为 50
隐藏
等待 在 3 和 5 之间取随机数 秒
重复执行
    移到 x: 在 -200 和 200 之间取随机数 y: 在 -150 和 20 之间取随机数
    显示
    重复执行直到 碰到 舞台边缘 ?
        移动 10 步
        等待 0.2 秒
    隐藏
    等待 在 3 和 5 之间取随机数 秒
```

图8-6　小鱼移动的代码

在游戏开始时，军舰会得到 30 枚鱼雷，每发射一次鱼雷，“炮弹数”变量的值减1；如果击中小鱼，生命值也将减1。当变量“炮弹数”的值小于0时，游戏结束，代码如图8-7所示。

当 被点击
将 炮弹数 设为 30
重复执行
如果 碰到 鱼雷 ? 那么
将 生命值 增加 -1
隐藏
等待 在 5 和 10 之间取随机数 秒
移到x: 在 -200 和 200 之间取随机数 y: 在 -145 和 35 之间取随机数
显示

图8-7 小鱼被鱼雷击中的代码

想一想 在无限循环中嵌套条件循环积木和嵌套条件判断积木有何区别？

8.1.6 控制游戏胜利或失败

选中舞台背景，设置变量“生命值”的初始值为10，每过3秒，“生命值”减1；每击中一次潜水艇，“生命值”加3。当“生命值”大于30时，游戏胜利；“生命值”或“炮弹数”小于0时，游戏失败，代码如图8-8所示。

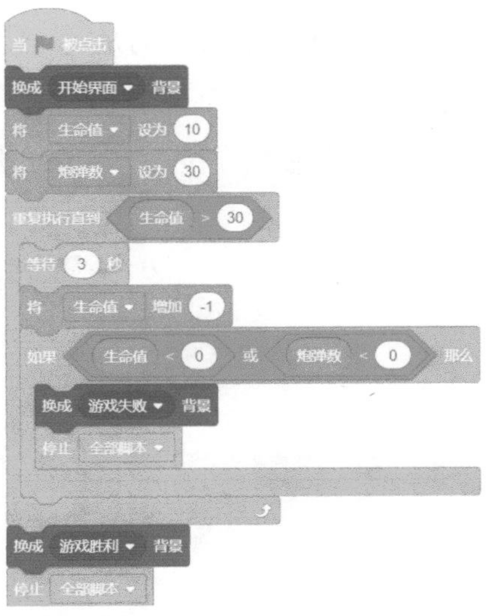

图8-8 控制游戏胜利或失败的代码

8.2 课程回顾

课程目标	掌握情况
1. 认识“条件循环”的相关积木，并能够根据需要合理使用条件循环结构	☆ ☆ ☆ ☆ ☆
2. 能够在适当的时候利用“条件循环”的相关积木跳出循环	☆ ☆ ☆ ☆ ☆
3. 能够运用随机变量与造型设置分类嵌套随机改变造型	☆ ☆ ☆ ☆ ☆
4. 掌握无限循环与条件循环的嵌套方法	☆ ☆ ☆ ☆ ☆
5. 进一步掌握“条件循环”结构的多重嵌套方法	☆ ☆ ☆ ☆ ☆

8.3 课程练习

1. 单选题

（1）关于“重复执行直到 × ×”大嘴巴积木，描述错误的是（　　）。

A. 在执行“大嘴巴”里面的指令之前，会先检测条件是否成立

B. 只有满足检测条件，才能执行“大嘴巴”里面的指令

C. “大嘴巴”里面的指令统称为循环体

D. 判断条件设置不恰当时，可能会导致死循环

（2）执行下面 4 段代码，实现效果相同的是（　　）。

①
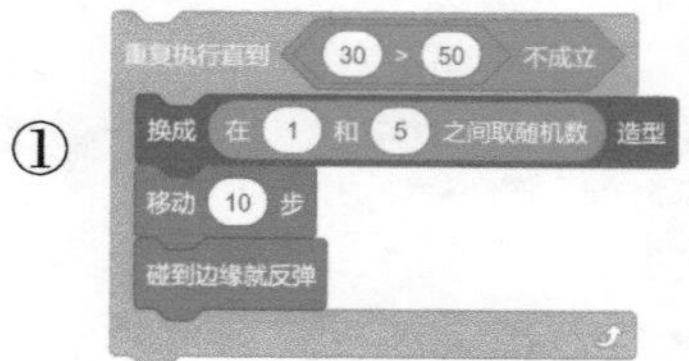

②
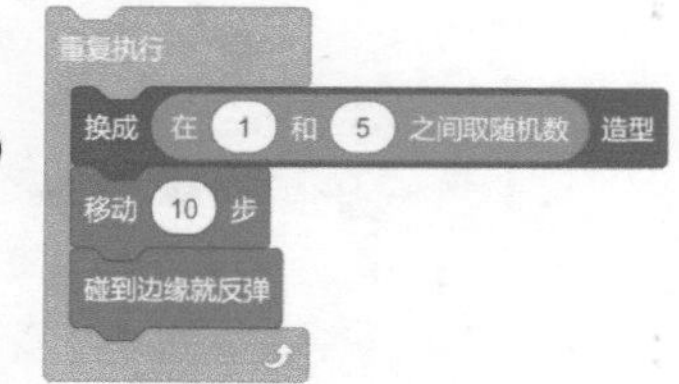

③
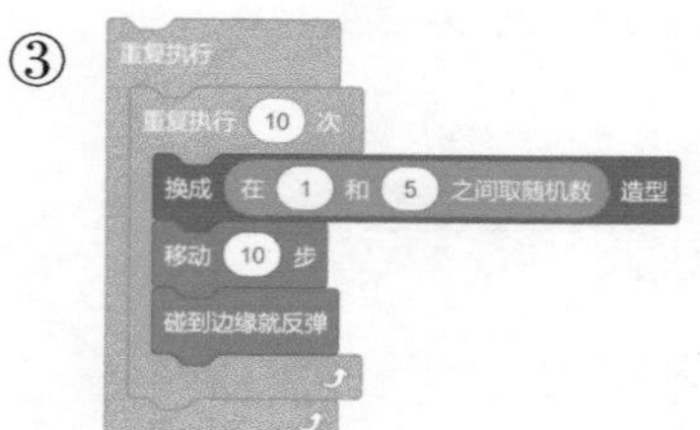

④
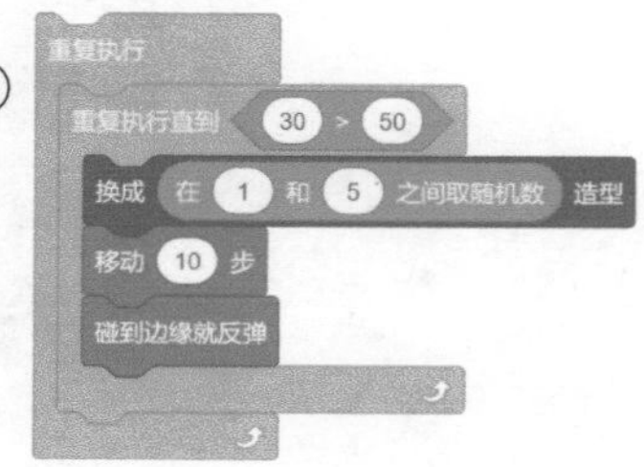

A. ①②　　B. ②③　　C. ①②③　　D. ②③④

（3）以下积木能够跳出循环的是（　　）。

A. 等待　　B. 停止 全部脚本　　C. 如果 那么　　D. 重复执行

2．判断题

（1）Scratch 中的“重复执行”或“重复执行直到 ××”积木可以将其他任何积木作为循环体。（　　）

（2）在 Scratch 中，“如果 ×× 那么 ××”或“如果 ×× 那么 ×× 否则 ××”积木和“重复执行直到 ××”积木可以起到相同的判断作用。（　　）

3．编程题

请编写程序，设计一款“捕鱼游戏”。

（1）准备工作

从素材资源中上传角色“发射器”“渔网”和“小鱼”，并删除默认的小猫角色。

导入背景图片“Underwater 1”，复制该背景并结合“文本”工具得到“游戏胜利”和“游戏失败”两个背景。

新建变量“得分”。

（2）功能实现

点击绿旗，游戏开始，变量“得分”的初始值为 0。

使用键盘上的←、→方向键控制发射器在舞台上的移动。

小鱼从舞台左侧的随机位置向舞台右侧移动，到达舞台右侧后消失，随即重新出现。

按下空格键发射渔网，若渔网碰到小鱼则得分加 1，若渔网碰到舞台底部则渔网消失。

变量“得分”达到 30 时，游戏胜利。

8.4 提高扩展

本节课我们学习了满足条件跳出循环和计数循环的嵌套，并制作了一款射击游戏。类似的游戏还有很多，如“坦克打飞机”“打靶游戏”等，请结合前面所学的知识搭建代码，尝试制作一款射击类游戏吧！

第 9 课　七彩图案
——设置画笔参数为变量

日常生活中有很多漂亮的图案，如盛开的花瓣、天空中的彩虹等，都能给人带来美的享受。本课范例作品是“七彩图案”：先新建两个代表画笔参数的变量，然后在利用“画笔”绘图的过程中修改变量的值，从而完成七彩图案的绘制。“七彩图案”范例作品如图 9-1 所示。

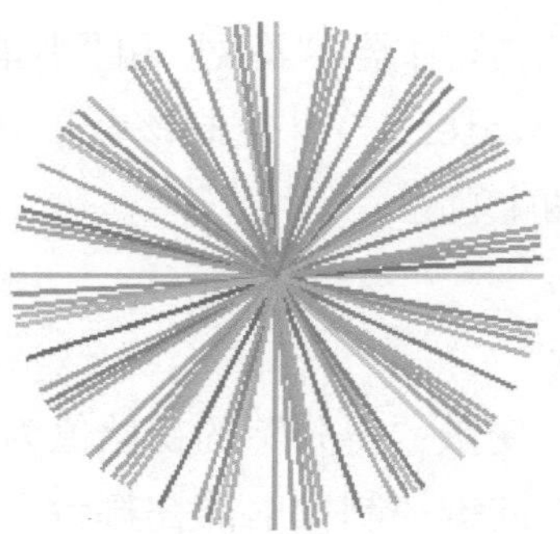

作品预览

图9-1 “七彩图案”范例作品

9.1 课程学习

9.1.1 相关知识与概念

平面图形一般分为有规律图形和无规律图形两类，通常我们也把有装饰意味、结构整齐匀称或者有规律的图形称为图案。在 Scratch 中，画笔除了能够画出五颜六色的线条或简单的几何图形外，还可以在绘制过程中借助变量，动态地改变粗细、颜色等，从而画出多样化图案。在本课中，我们将结合画笔和变量绘制有规律的图形。

9.1.2 准备工作

1. 设置舞台背景

使用默认的空白背景。接着切换到“背景”选项卡，用绘图工具在舞台中心绘制一个小圆点，将其作为绘图时的参考中心。

2. 设置角色

将默认的小猫角色拖动到舞台的左下角。

3. 新建变量

新建两个全局变量——“画笔的粗细”和“画笔的颜色”，将显示模式均设置为“滑杆”模式，并在舞台上显示。

9.1.3 初始化代码

在本范例作品的程序中，开始绘制图案前需要对角色和画笔进行初始化。角色的初始化包括：设置角色的大小、位置和方向；画笔的初始化包括：清空屏幕、设置画笔的粗细和颜色。

角色和画笔的初始化代码如图 9-2 所示。

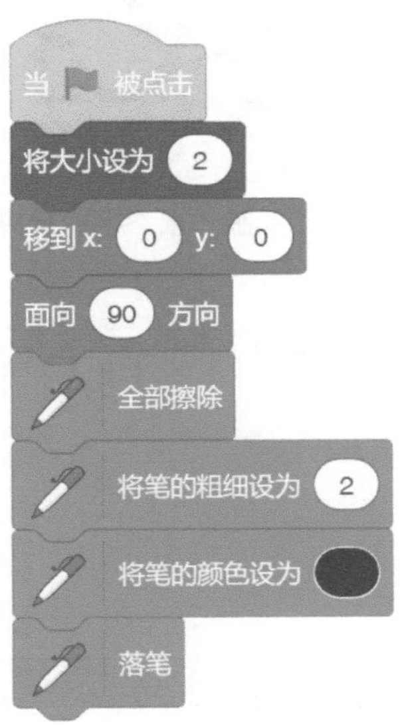

图9-2　角色和画笔的初始化代码

9.1.4 绘制基本图形

在范例作品的程序中，七彩图案可以被分解为若干个“米”字，而每个“米”字均由 8 条相同的线段组成，所以该图案的基本图形是线段。图案的拆解过程如图 9-3 所示。

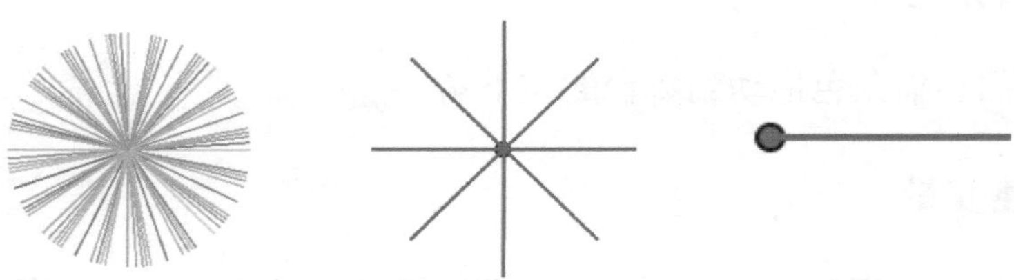

图9-3 图案的拆解过程

“米”字由 8 条相同的线段重复旋转形成，所以相邻两条线段之间的旋转角度是 45(360 ÷ 8) 度，参考代码如图 9-4 所示。

图9-4 画“米”字的代码

想一想 如果要得到色彩变化的“米”字，还需要在图 9-4 代码的什么位置加入什么积木？

9.1.5 绘制七彩图案

我们将画好的“米”字重复绘制，旋转一周，就可以得到七彩图案。绘制七彩图案的完整代码如图 9-5 所示。

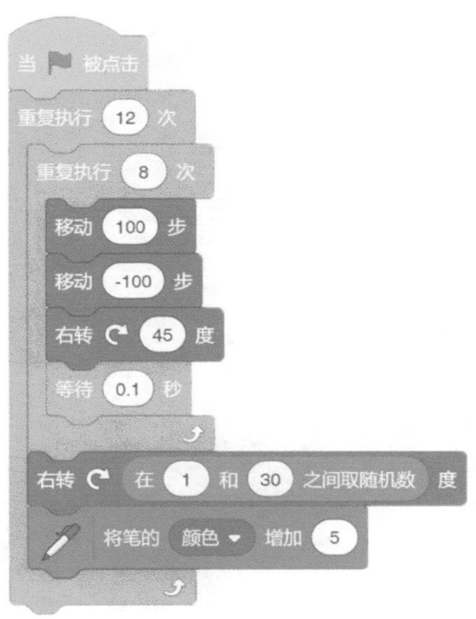

图9-5　重复绘制“米”字组成七彩图案的代码

试一试　尝试添加相应代码，改变更多的画笔参数，真正实现绘制七彩图案。

9.1.6 用变量控制七彩图案的绘制

在七彩图案的绘制过程中，结合变量改变画笔的粗细、颜色、旋转角度等参数，就可以实现更加丰富的图形效果，可按以下具体步骤编写代码。

（1）设置变量“画笔的粗细”的数值范围为 1~20，变量“画笔的颜色”的数值范围为 1~250，如图 9-6 所示。

图9-6　改变滑杆范围

（2）选择小猫角色，用变量“画笔的粗细”和“画笔的颜色”替换小猫原来代码中相应位置的具体数值。然后运行代码，并移动滑杆，为每个变量设置不同的数值，观察每次变量更改后图形的变化。用变量设置画笔参数绘制七彩图案的完整代码如图 9-7 所示。

```
当 🏴 被点击
将大小设为 (2)
移到 x: (0) y: (0)
面向 (90) 方向
全部擦除
将笔的粗细设为 (画笔的粗细)
将笔的颜色设为 (画笔的颜色)
落笔
```

```
当 🏴 被点击
重复执行 (12) 次
    重复执行 (8) 次
        移动 (100) 步
        移动 (-100) 步
        右转 C (45) 度
        等待 (0.1) 秒
    右转 C (在 (1) 和 (30) 之间取随机数) 度
    将笔的 (颜色 ▼) 增加 (5)
```

图9-7　用变量设置画笔参数绘制七彩图案的代码

练一练　请编写程序完成下图中立体图形的绘制。

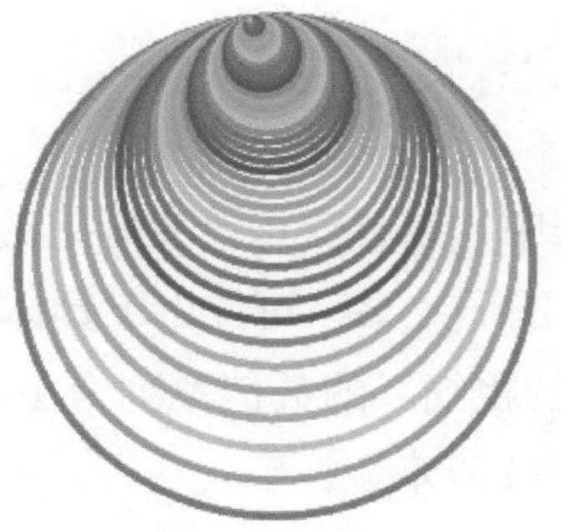

9.2 课程回顾

课程目标	掌握情况
1. 能够分析图案，发现规律，找出组成图案的基本图形	☆☆☆☆☆
2. 能够通过编程实现基本图形的绘制	☆☆☆☆☆
3. 能够将变量与画笔的各项参数进行结合，绘制出七彩图案	☆☆☆☆☆

9.3 课程练习

1．单选题

（1）利用“画笔”设计一个色彩、形状有规律的图案时，首先要考虑的是（ ）。

A. 找出图案的基本图形　　B. 观察图案的颜色变化

C. 找出图案的饱和度与亮度的规律　　D. 找出图案的精细变化

（2）关于下面的程序描述错误的是（ ）。

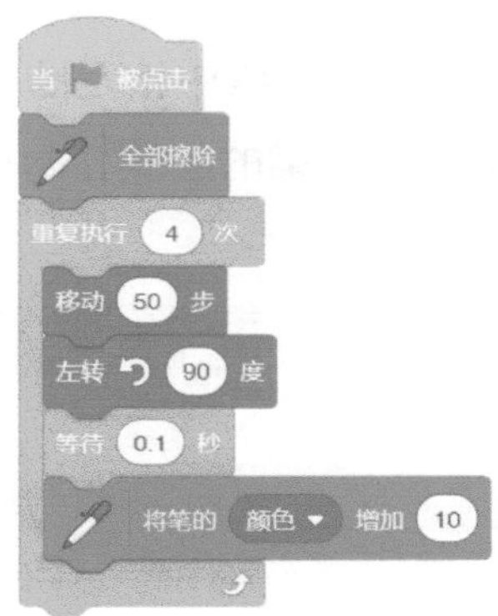

A. 绘制的图形是正方形　　B. 图形的边长为 50

C. 图形的边长为 90　　D. 绘制的图形颜色会发生变化

（3）如果要绘制一个“正三角形”（正三角形的内角均为 60°），那么小猫每次旋转的度数为（ ）。

A.90°　　B.60°　　C.120°　　D.180°

2．判断题

（1）画笔中的“全部擦除”功能是指将舞台区中的所有角色全部清除。（ ）

（2）改变画笔中的“亮度”参数，图形的颜色不会发生变化。（ ）

3．编程题

利用编程绘制“五彩花瓣”图案，效果如下图所示。

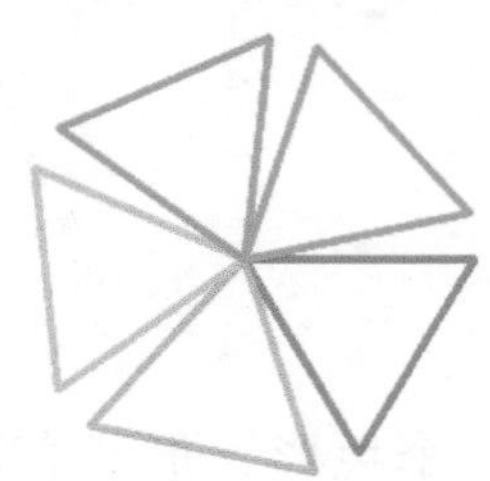

（1）准备工作

使用默认的空白舞台背景和小猫角色，并隐藏小猫。

新建一个变量“颜色”，用于控制画笔的颜色。

（2）功能实现

设置变量“颜色”的显示模式为“滑杆”模式，并设定数值范围，这样便于手动调整画笔的初始颜色。也可以在代码中指定画笔颜色。

运行代码，完成“五彩花瓣”图案的绘制，每个三角形的大小、位置和角度不限。

最终效果不要求与上图完全相同，每个花瓣、每根线条的颜色等都可以进行个性化设计。

9.4 提高扩展

本节课我们使用“画笔”分类，结合“重复执行 × × 次”积木，并借助变量来改变画笔的各项参数，从而绘制了颜色更丰富、更具动感的图案。在我们的生活中，还有很多富有创意的图案，请在 Scratch 中绘制一个“渐变花瓣”的图案，并新建变量用来控制花瓣的旋转角度、颜色及花瓣的数量。

第 10 课　魔幻画板
——设置画笔的饱和度、亮度与透明度

《神笔马良》中的小马良拥有一支神奇的画笔，用这支画笔画的任何作品都十分生动，活灵活现。本课范例作品是“魔幻画板”：我们利用 Scratch 中的“画笔”分类设计一个模拟画板，并在这个画板上绘制各式各样的图画作品，如图 10-1 所示。

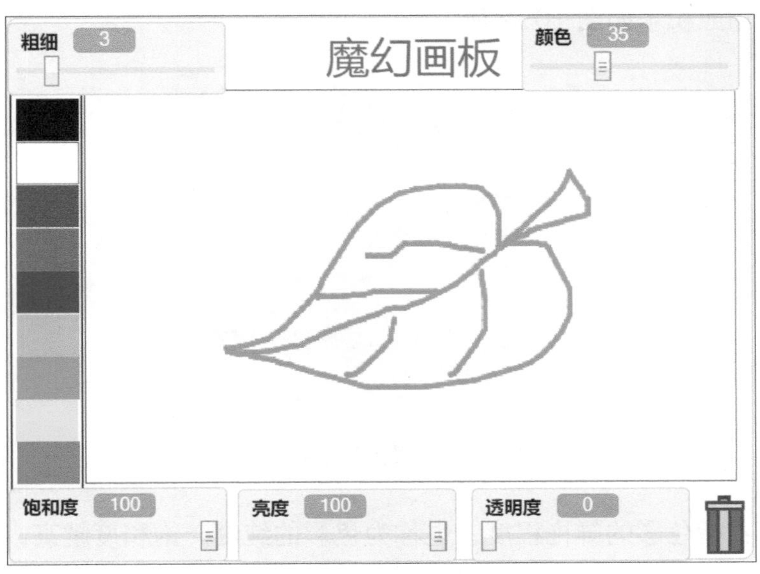

作品预览

图10-1 “魔幻画板”范例作品

10.1 课程学习

10.1.1 相关知识与概念

1. 认识计算机系统的画图软件

打开计算机应用系统中自带的“画图”软件，观察画图界面，它主要由工具、颜色和绘图区3部分组成。本范例作品程序“魔幻画板”中也需要包含这3个部分。

2. 认识饱和度、亮度和透明度

通过前面的学习，我们已经掌握了设置画笔颜色、粗细等参数的方法。为了绘制色彩更丰富的画图作品，我们还可以对画笔的饱和度、亮度和透明度等参数进行设置，相应积木如图10-2所示。

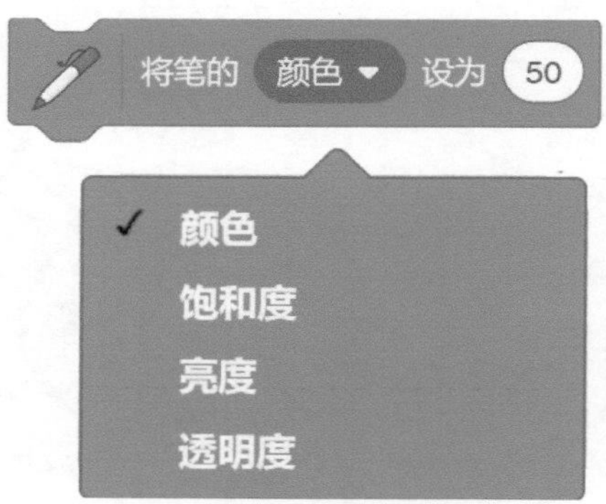

图10-2　设置画笔参数的积木

饱和度：指色彩的鲜艳程度，也称为色彩的纯度。饱和度越高，颜色看起来越鲜艳。

亮度：也称为明度，指色彩的明暗程度。不同的颜色会有明暗的差异，相同的颜色也有明暗深浅的变化。

透明度：即色彩透光的程度，透明度常用百分数来表示。透明度为0表示完全不透明，透明度为100%表示完全透明。

10.1.2 准备工作

1. 设置舞台背景

在当前空白背景中添加标题“魔幻画板”，然后用“矩形”工具绘制模拟画板的多个分区。

2. 设置角色

（1）绘制“画笔”角色

运用“矩形”工具和“直线”工具绘制“画笔”角色，然后对其进行颜色填充，如图 10-3 所示。

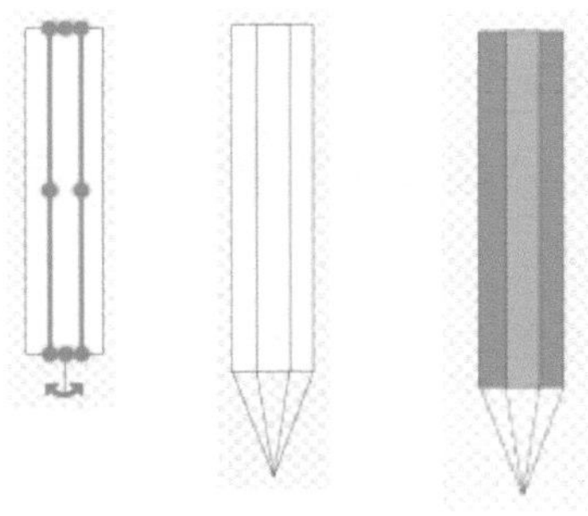

图10-3　绘制“画笔”角色

为了更清晰地观察作画过程，我们可以适当地调整画笔的倾斜度，如图 10-4 所示。

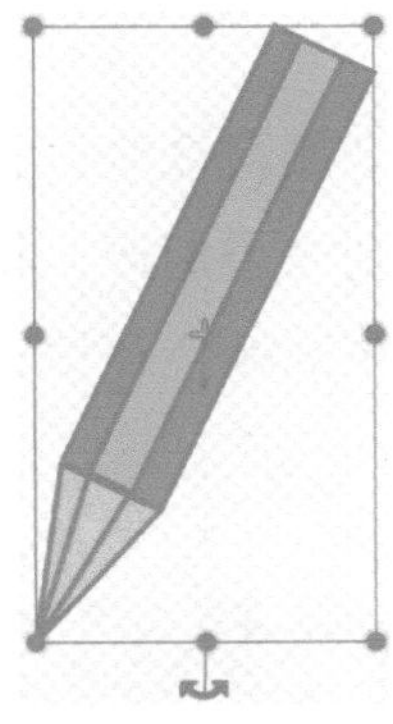

图10-4　调整“画笔”的倾斜度

实际绘图时是用笔尖在作画，而在 Scratch 中与实际不同的是，作画时默认以物体的中心点为作图位置，所以我们需要将画笔的中心点调整到笔尖位置。具体的操作方法是：将“画笔”角色全部选中，组合后拖动画笔，让其笔尖落在中心点的十字标记处，如图 10-5 所示。

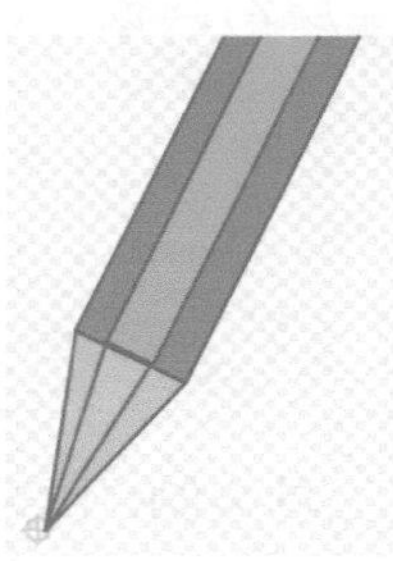

图10-5　调整“画笔”的中心点

（2）绘制“垃圾桶”角色

运用“矩形”工具绘制 “垃圾桶”角色，然后进行颜色填充，具体方法和步骤如图 10-6 所示。

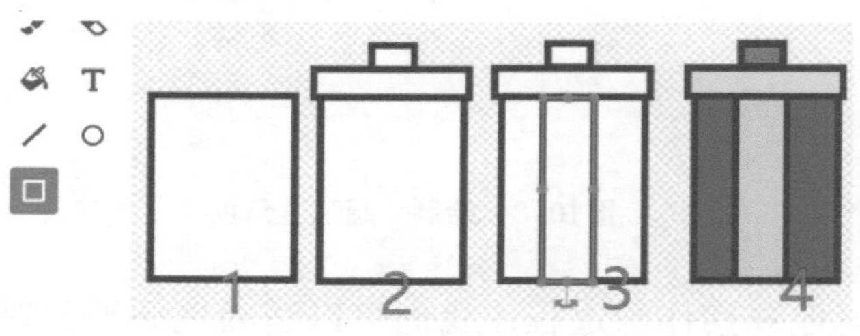

图10-6　绘制“垃圾桶”角色

（3）绘制“颜料盒”

本范例作品中有一个简易的“颜料盒”，它由红、黄、绿等 9 种常用颜色组成。首先，运用“矩形”工具绘制一个矩形，将其填充为红色，即可以得到“红色颜料”角色，将它复制并改变轮廓颜色及填充色，就能够得到其他颜色角色，最终绘制的“颜料盒”如图 10-7 所示。

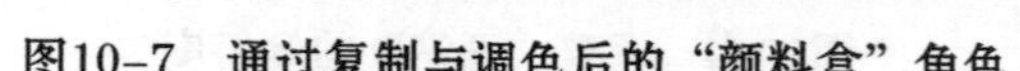

图10-7　通过复制与调色后的“颜料盒”角色

3. 新建变量

新建“粗细”“颜色”“饱和度”“亮度”“透明度”这 5 个全局变量，它们分别用于记录画笔对应参数的值，如图 10-8 所示。

图10-8　新建5个变量

新建变量后，舞台区将会显示 5 个变量，设置变量的显示模式为“滑杆”模式，保持默认的滑动范围为 0 ~ 100。

10.1.3 设置画笔

在范例作品的程序中，首先对画笔进行初始化，具体包括画笔的位置、拖动方式等，然后不断读取 5 个变量的值，将它们设为画笔的粗细、颜色、饱和度、亮度、透明度，并始终保持画笔位置与鼠标指针位置一致，从而实现按下鼠标按键开始绘画，松开鼠标按键停止绘画的效果。画笔的初始化代码如图 10-9 所示。

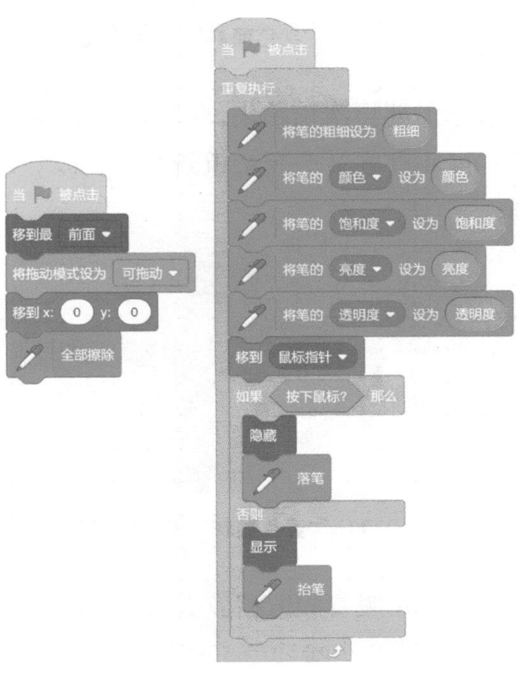

图10-9　“画笔”角色的初始化代码

想一想 图 10-9 所示 “画笔” 角色的代码中，4 个变量分别有什么作用？

10.1.4 设置颜料盒

范例作品程序中的所有颜料均在舞台的左边缘，并排成一列显示。红色是画笔的默认颜色，“红色颜料”角色主要有两个任务：一是程序开始时，读取“红色颜料”的各项参数（颜色 0、亮度 100、饱和度 100）；二是当该角色被点击时，再次为画笔的 3 个变量“颜色”“亮度”“饱和度”赋值，如图 10-10 所示。

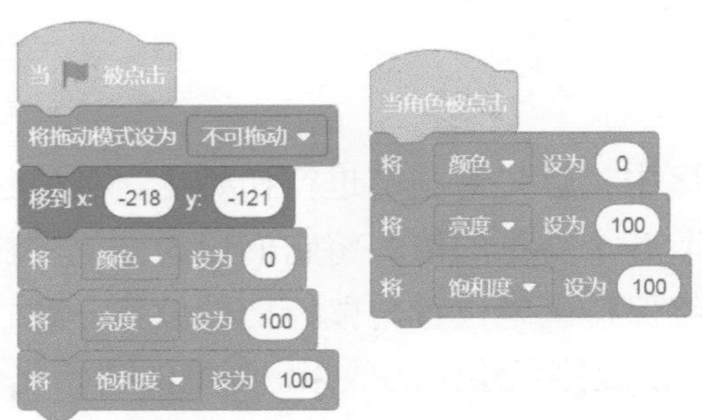

图10-10 “红色颜料”角色的代码

对于其他颜料角色不需要再次初始化，只是当该颜料角色被点击后，需要分别为画笔的颜色、饱和度和亮度 3 个变量重新赋值。以“黄色颜料”角色为例，代码如图 10-11 所示。

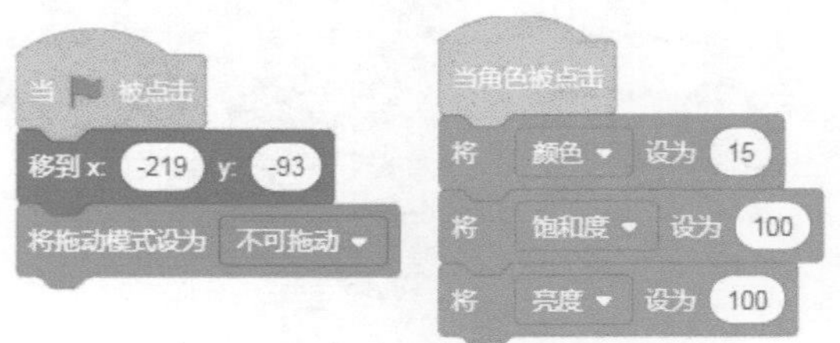

图10-11 “黄色颜料”角色的代码

通过点击不同的颜料，用吸管吸取相应的颜色区域，便可以得到对应颜料的“颜色”“亮度”“饱和度”3 个参数值。然后为其他颜色搭建代码，并修改对应的参数值。9 种颜色的参数值如图 10-12 所示。

色块									
命名	红	黄	绿	蓝绿	蓝	粉红	紫	白	黑
颜色	0	15	35	50	63	89	89	0	0
亮度	100	100	100	100	100	100	73	100	0
饱合度	100	100	100	100	100	100	100	0	0

图10-12 9种颜色的参数值

试一试 观察图 10-13，对照图 10-12，将“黑色颜料”的 3 个参数值填写在横线上：①颜色：______；②亮度：______；③饱和度：______。

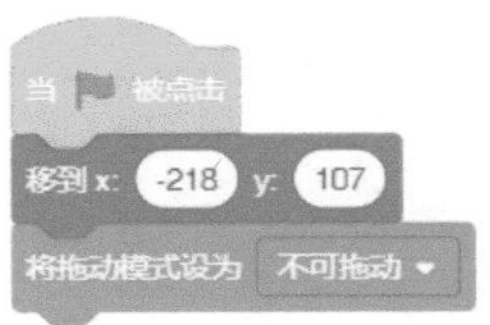

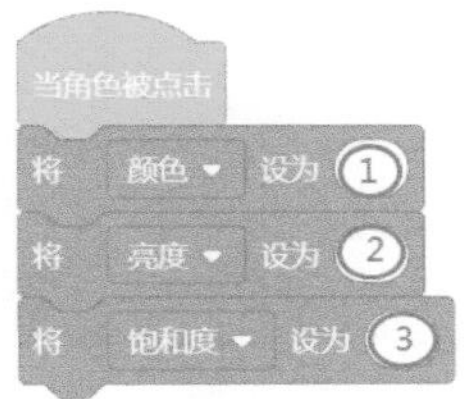

图10-13 “黑色颜料”角色的代码

10.1.5 设置垃圾桶

在下一次绘图前，我们需要清除绘图区的所有内容。“垃圾桶”角色的代码如图 10-14 所示。

图10-14 “垃圾桶”角色的代码

试一试

1. 为小画板添加一个轻松的背景音乐。
2. 通过“复制 / 粘贴”功能，快捷、准确地完成其他“颜料”角色的代码搭建。

10.2 课程回顾

课程目标	掌握情况
1. 掌握画图软件的基本组成	☆☆☆☆☆
2. 能够绘制“魔幻画笔”作品中的背景及各个角色	☆☆☆☆☆
3. 能够认识到饱和度、亮度与透明度三者的区别，以及三者对色彩的影响	☆☆☆☆☆
4. 能够将变量与画笔的各项参数结合起来，绘制精彩的图画作品	☆☆☆☆☆

10.3 课程练习

1. 单选题

（1）在“画笔”角色中，哪个要素可以直接改变绘制效果的色彩？（　　）

A. 亮度　　B. 颜色　　C. 饱和度　　D. 透明度

（2）为了了解各种颜色的“颜色”值，可以利用下列哪个积木检测颜色值？（　　）

A.“运动”分类中的“方向”积木

B.“外观”分类中的“颜色”积木

C.“侦测”分类“碰到颜色 × ×”积木中的“吸管”功能

D.“画笔”分类中的“将笔的颜色设为 × ×”积木

（3）小明编写了一个“从 1 ~ 1000”颜色递增变化的程序，当变量值等于多少时颜色会重新开始？（　　）

A. 120　　B.100　　C.225　　D.258

2．判断题

（1）画笔中各积木的参数值，只能通过键盘直接输入数字进行设置，程序运行时，参数值是不能再进行设置与变更的。（　　）

（2）基本图形绘制好后，可以通过重复执行、旋转等方式形成新的图案。（　　）

3．编程题

以“我的花园”为主题，通过调整画笔的颜色、亮度与饱和度，分别绘制出不同颜色的花草。

（1）准备工作

绘制一个模拟的“画图软件”界面作为舞台背景。

绘制 “颜料” “画笔” “垃圾桶”角色。

新建“颜色” “亮度” “饱和度”这 3 个变量，它们分别用于控制画笔的各项参数。

（2）功能实现

将 3 个变量的显示模式均设置为“滑杆”模式，并设定滑杆的范围，便于手动调整画笔的初始颜色，也可在代码里指定画笔颜色。

设计代码，实现画笔对不同颜色的取色。

绘制不同样式的花草，要求布局合理、色彩鲜明。

10.4 提高扩展

本节课我们结合变量和画笔分类设计了一个“魔幻画板”，并成功地绘制了不同样式的图画作品。同学们一定想进一步完善它的功能，使绘图更加便捷、高效。如添加“基本图形”工具，能够快速绘制圆形、长方形等基本图形。你还想添加哪些功能，快动手试试吧！

第 11 课　美丽花环
——用画笔图章作画

人们表达美的方式有很多，其中，用各种形状、颜色绘制花环就是表达美的一种方式。本课范例作品是“美丽花环”：我们利用 Scratch 中画笔的图章功能，画出美丽的花环，“美丽花环”范例作品如图 11-1 所示。

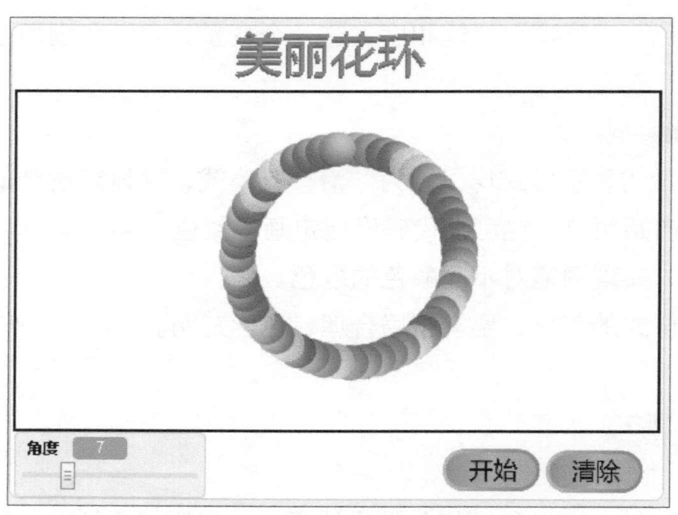

图11-1　“美丽花环”范例作品

11.1 课程学习

11.1.1 相关知识与概念

认识新的积木

：此积木属于“画笔”分类，可以在舞台上复制出与当前角色大小、

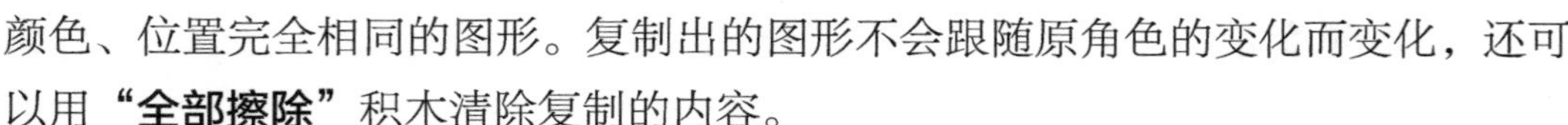

颜色、位置完全相同的图形。复制出的图形不会跟随原角色的变化而变化，还可以用**“全部擦除”**积木清除复制的内容。

11.1.2 准备工作

1. 设置舞台背景

首先，在空白背景中绘制一个白色矩形，作为花环的绘制区域。然后，输入文字“美丽花环”，将其调整为红色，并移动到矩形的正上方。复制文字“美丽花环”，调整复制出的文字的饱和度和亮度，将其移动到原文字的斜后方，达到立体文字的效果，如图 11-2 所示。

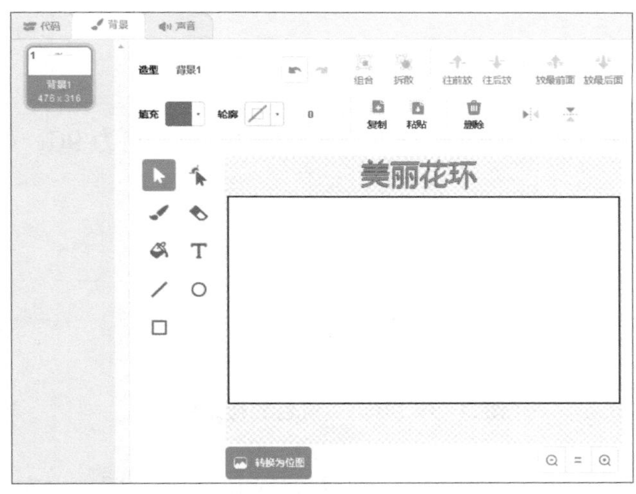

图11-2　立体文字效果

2. 设置角色

删除默认的小猫角色，并从角色库中选择名为“Ball”的角色，该角色有 5 个不同颜色的造型，不同颜色的穿插使用可以创造出多彩花环的效果。

选择名为“Button2”的按钮作为第二个角色，并在按钮上添加文字“开始”，将其放置于屏幕右下方。此角色有两个造型，保留范例作品程序中名为“Button2-a”的造型，删除另一个造型。

复制角色“Button2”，复制出的角色的名称默认为“Button3”，将“Button3”上的文字修改为“清除”。

3. 新建变量

新建全局变量“开始”“角度”。利用变量“开始”值的变化，实现信息在角色之间的传递，所以该变量使用默认的显示模式“正常显示”并隐藏。

修改变量“角度”的显示模式为“滑杆”模式，将其移动到舞台左下角。因为角色每次被复制前旋转的角度决定着花环的大小，所以将变量“角度”的数值范围设置为 5~30。

想一想 为什么变量“角度”的最小值要设置为 5？

11.1.3 角色的初始化

1. 初始化“Ball”角色

在角色设置区设置“Ball”的初始大小为 60，方向为 90，如图 11-3 所示。

图11-3 “Ball”角色的初始化设置

为了让花环的起始位置相对固定，需要对角色的位置、方向做好初始化设置。变量“开始”能够在“Button2”“Button3”“Ball”角色之间传递信息，为了保证信息传递的准确性，需要对变量“开始”进行初始化设置，参考代码如图 11-4 所示。

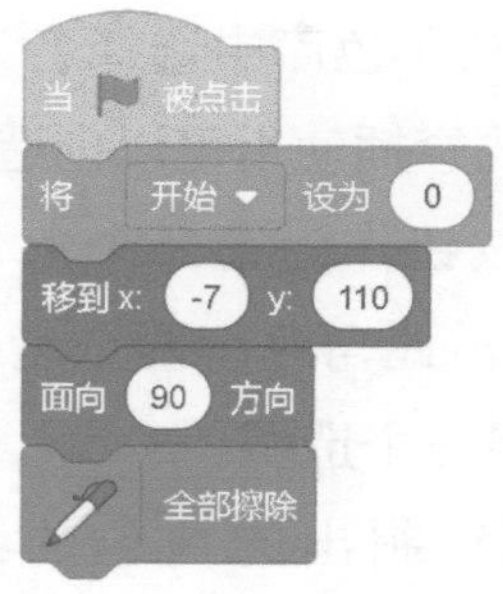

图11-4 变量“开始”的初始化参考代码

2. 初始化“开始”和“清除”按钮

为保证每次运行前按钮都能出现在屏幕右下方相同的位置，需要对“开始”和“清除”两个按钮的位置做初始化设置，参考代码如图 11-5 和图 11-6 所示。

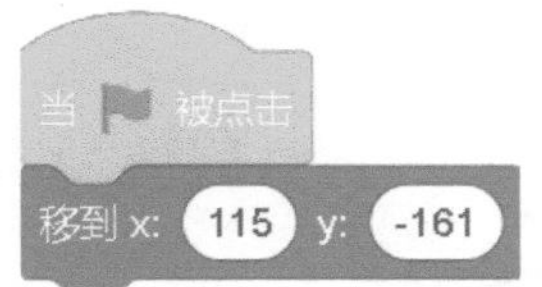

图11-5 “开始”按钮初始化参考代码

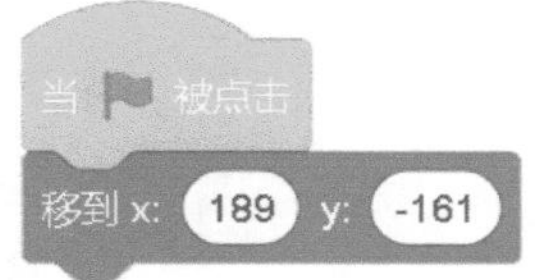

图11-6 “清除”按钮初始化参考代码

想一想 如果 “Ball” 角色的初始方向为 -90 或者其他方向，那么使用图章功能复制出的花环会有什么变化？

11.1.4 用图章功能绘制花环

“开始”按钮被点击后，变量“开始”的值变成 1。 “Ball” 角色一直重复判断变量“开始”的值是否等于 1，如果等于 1，则启用图章功能绘制花环。“开始”按钮及“Ball”角色的编程思路如下。

1.“开始”按钮发出指令

当“开始”按钮被点击时，将变量“开始”的值设置为 1，参考代码如图 11-7 所示。

图11-7 “开始”按钮发送指令的代码

2.“Ball”接收指令并作画

当变量“开始”的值等于 1 时，“Ball”开始运行“图章”积木。由于使用图章功能画出的花环最后会转成一个圆形，所以旋转次数 × 旋转度数 =360° 。完成一次图章复制后，“Ball”移动到下一个点继续复制，直到完成设定的旋转

次数。为实现按钮的多次使用，需要在绘制一个完整花环之后重新将变量“开始”的值设置为 0，然后跳出条件判断，等待“开始”按钮下一次发送指令，参考代码如图 11-8 所示。

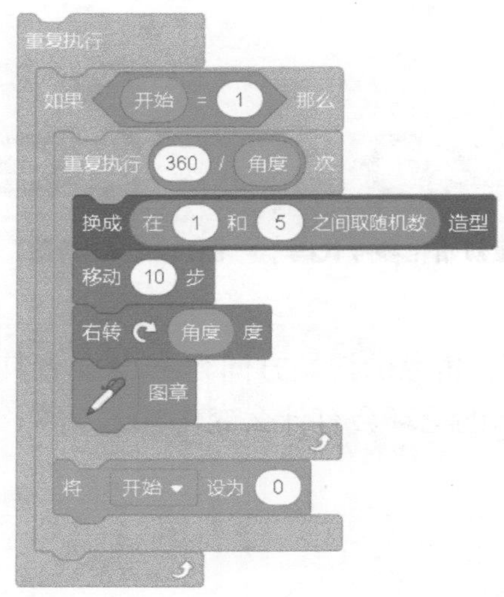

图11-8　“Ball”角色复制出花环的参考代码

3.“清除”按钮清除图案

当图案形成后，可以通过“清除”按钮，擦除已有的图案，参考代码如图 11-9 所示。

图11-9　“清除”按钮清除图案的代码

练一练

1. 打开 Scratch，编写以上代码，并尝试修改“Ball”角色在用图案复制花环过程中的移动步数，运行程序后查看效果。
2. 尝试修改代码中的参数，画出图 11-10 所示的图案。你修改的参数有 ______。

图11-10　画出这样的图案1

11.1.5 画出更复杂的花环

当一个花环形成后，如果我们再结合**“重复执行 ×× 次”“移动 ×× 步”**等积木，可以画出更漂亮的图案，参考代码如图 11-11 所示。

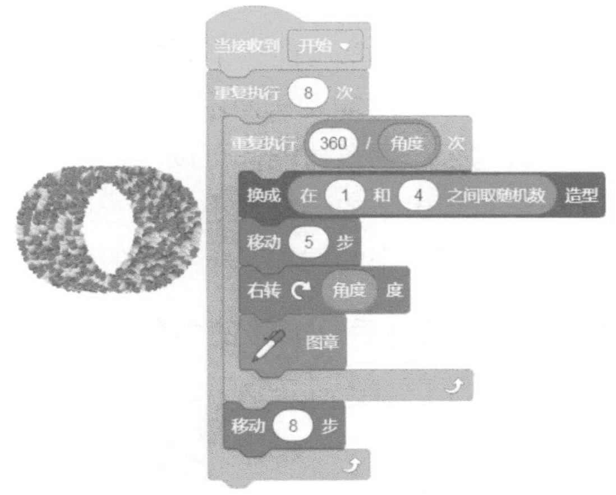

图11-11　由8个花环平移形成的图案及其参考代码

试一试　如果想要得到图 11-12 所示的图案，应该怎样编写程序？

图11-12　画出这样的图案2

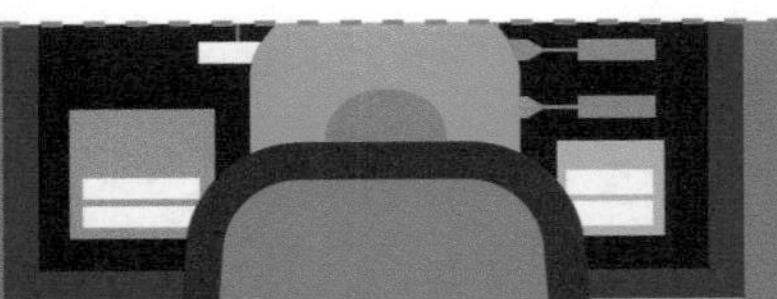

11.2 课程回顾

课程目标	掌握情况
1. 了解“画笔”分类中的图章功能在程序中的作用	☆☆☆☆☆
2. 掌握清除图章内容的方法	☆☆☆☆☆
3. 能够利用图章功能，设计出各种基本图案	☆☆☆☆☆
4. 能够把图章功能与**变量、“左转 ×× 度”“右转 ×× 度”**等积木结合，设计出奇妙与多彩的图案	☆☆☆☆☆

11.3 课程练习

1. 单选题

（1）关于“画笔”分类中的图章功能，下列描述正确的是（　）。

A. 当角色隐藏时，图章功能无法使用

B. 无论角色隐藏与否，图章功能都可以使用

C. 利用图章功能复制出来的图案大小都是一样的

D. 利用图章功能复制出来的图案是一个新的角色

（2）下列选项中，运行代码后，能够使角色“　”画出“　”图案的选项是（　）。

A. 

B. 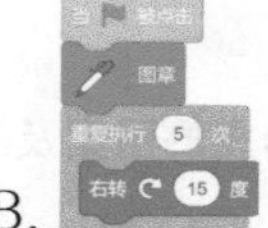

C. 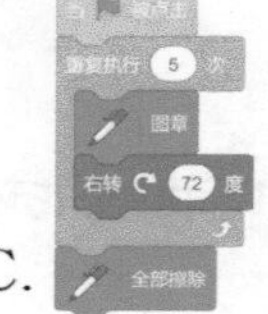

D. 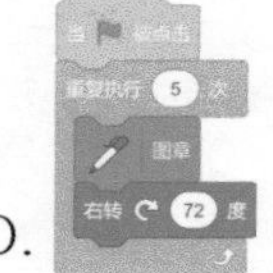

（3）在下列选项中，能改变图章功能复制出的图案大小的选项是（　）。

A. 角色的大小设置　　B. 画笔的粗细

C. 图章的放大比例　　D. 以上都不正确

2. 判断题

（1）使用图章功能复制出来的所有图案都不可以拖动，但是可以删除。（　）

（2）使用图章功能复制出来的图案可以通过“外观”分类中的“将大小增加 × ×”积木来改变大小。（　　）。

3．编程题

利用图章功能，并结合“变量”分类中的积木，绘制一个“大圆套小圆”的图案，效果如下图所示。

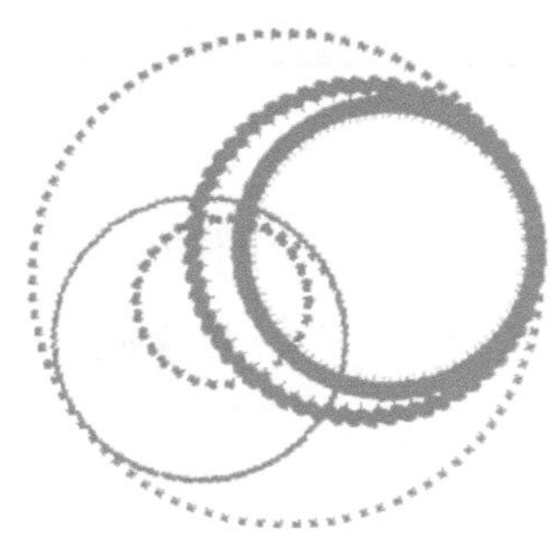

（1）准备工作

使用 Scratch 默认的空白背景。删除小猫角色，绘制一个绿色小圆点将其作为绘图画笔角色。

（2）功能实现

绘制两个大小不同的虚线圆，改变它们的旋转度数或者步数，然后利用图章功能绘制一个实线圆。调整角色大小以改变利用图章功能复制出的圆的粗细。改变角色颜色特效，让利用图章复制出的圆变成彩色的。

 11.4 提高扩展

在使用图章功能的过程中，巧妙地结合“重复执行 × × 次”“移动 × × 步”“换成 × × 造型”等积木，可以画出很多有趣的图案。尝试用图章功能画奥运五环图案，如下图所示。先绘制一个纯色小圆角色，然后利用图章功能绘制其他圆形，快来试试吧！

第 12 课　雄伟长城
——循环嵌套绘制趣味图形

万里长城是世界古建筑奇迹，也是我们中华民族的骄傲。本课范例作品是“雄伟长城”：程序运行后，询问使用者“需要绘制几座城台？”并等待回答，使用者输入一个数字后，程序完成指定数量城台的绘制，如图 12-1 所示。

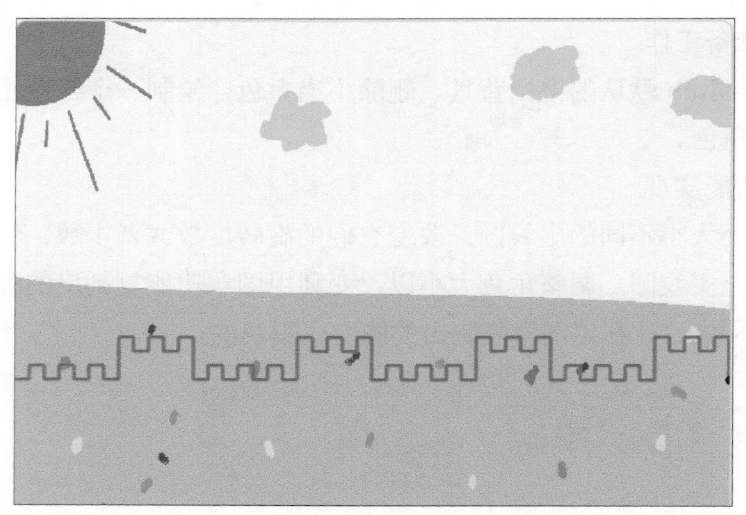

作品预览

图12-1 “雄伟长城”范例作品

12.1 课程学习

12.1.1 相关知识与概念

1. 循环嵌套结构

本课将综合运用“画笔”分类和循环嵌套结构来绘制长城。程序采用的是外层循环中嵌套两个内层循环以及顺序型代码的嵌套模式。嵌套模式程序流程如图 12-2 所示。

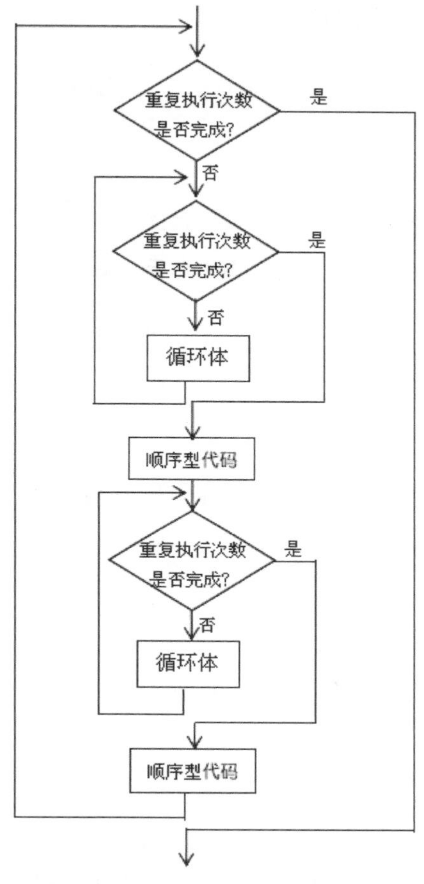

图12-2　范例作品程序嵌套模式程序流程图

练一练　在纸上画出图 12-2，思考嵌套结构中内外层循环的执行顺序是怎样的。

2. 图形的分解

在 Scratch 里用画笔绘制图案时，如果采用顺序型代码逐段绘制，会让程序变得非常冗长。但如果在绘制图案前，能够根据图案的构成特点，分解出该图案的基本单元，再结合循环的嵌套，就可以使程序更简洁。

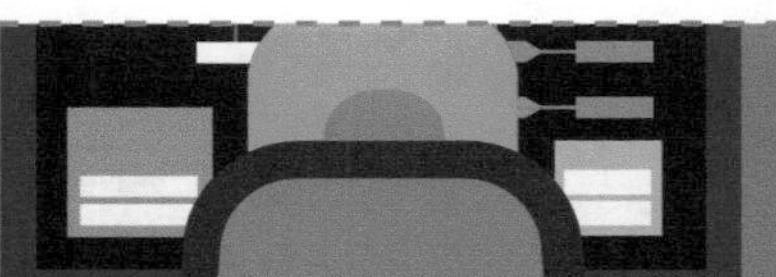

从本课范例作品的效果可以看出，长城主要由垛子和相连的城台组成，所以可以先将长城分解为“垛子 + 城台”，如图 12-3 所示。然后再找出垛子、城台基本单元的画法，问题就迎刃而解了。

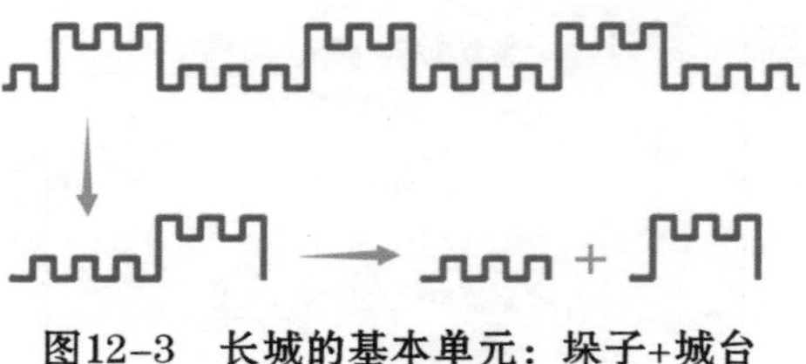

图12-3　长城的基本单元：垛子+城台

12.1.2 准备工作

1. 设置舞台背景

从背景库里选择一幅风景图片，或者上传一张风景图片作为舞台背景，同时删除默认的空白舞台背景。

2. 设置角色

删除小猫角色，并绘制一个圆点作为新角色。

12.1.3 绘制垛子

经过仔细观察与分析，垛子的基本单元是“凸字形”的上部分，如图 12-4 所示。

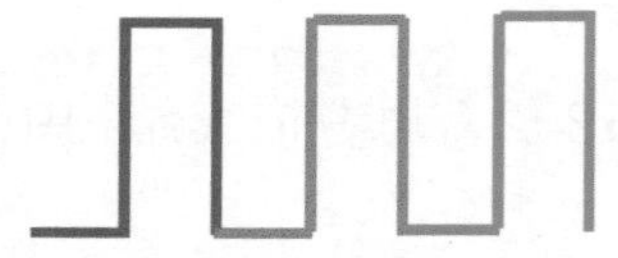

图12-4　垛子基本单元分解图

可以用 **“面向 × × 方向”** 和 **“移动 × × 步”** 两个积木完成一个垛子基本单元的绘制，再根据需要设定重复执行次数，即可完成垛子的绘制。绘制垛子基本单元的参考代码及运行效果如图 12-5 所示。

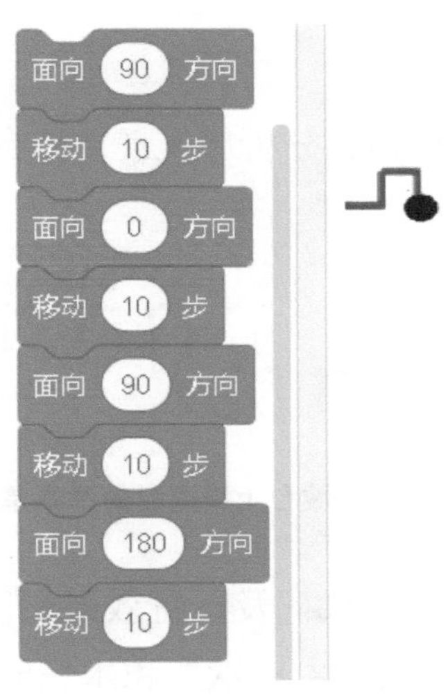

图12-5　绘制垛子基本单元参考代码及运行效果

> **想一想**　如果以“凹”字的上部分作为垛子的基本单元，绘制垛子的代码又该怎么编写？

12.1.4 绘制城台

1. 绘制城台上墙

通过观察可以发现，长城城台比垛子的位置更高，所以在绘制时，圆点角色需要向上移动更多的步数，才能达到城台的高度。因此先将角色向右移动，然后再向上移动，向上移动的步数要大于垛子向上移动的步数。参考代码及运行效果如图 12-6 所示。

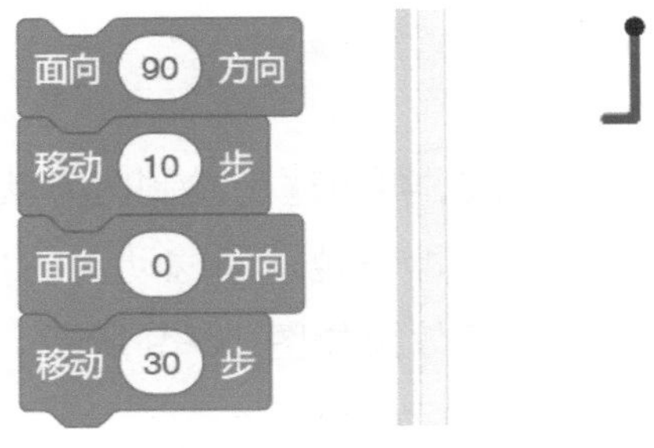

图12-6　绘制城台上墙的参考代码及运行效果

2. 绘制城台瞭望口

在城台的上方有多个瞭望口，分析后发现，城台上的瞭望口也可以分解为多个基本单元，如图 12-7 所示。

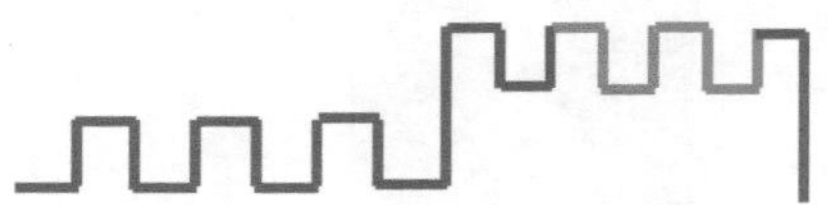

图12-7 城台上瞭望口的基本单元

先绘制一个基本单元，参考代码及运行效果如图 12-8 所示（红色的为一个基本单元）。然后使用**"重复执行 ×× 次"**积木完成多个瞭望口的绘制。

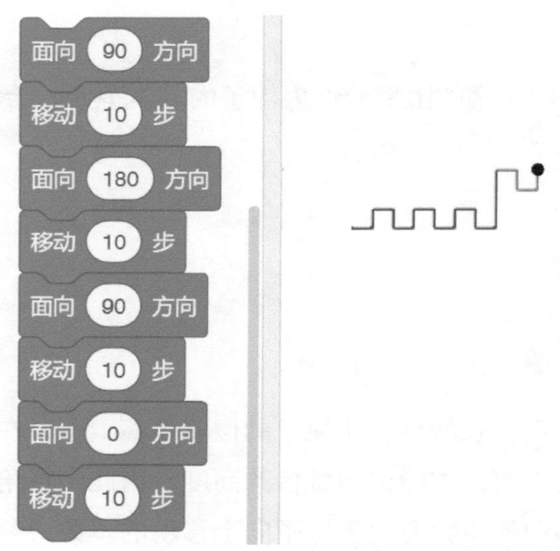

图12-8 绘制城台瞭望口基本单元的参考代码及运行效果

3. 绘制城台下墙

此时，城台已经基本绘制完成，再用逐步绘制的方法把剩下的部分补齐即可。还需要注意的是，"城台下墙"（即角色向下移动）的步数需和"城台上墙"中移动的步数一致，参考代码及运行效果如图 12-9 所示。

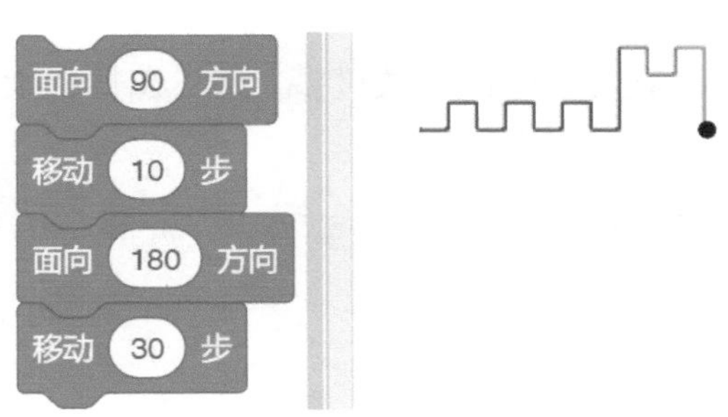

图12-9　绘制城台下墙的参考代码及运行效果

试一试

1. 根据城台的绘制方法，修改城台的高度并运行程序，观看效果。
2. 能够快速、简洁地增加城台瞭望口数量的积木是 ________。

12.1.5 询问城台个数，绘制长城

为了实现人机交互功能，我们先向使用者“询问”需要绘制的城台个数，然后根据使用者“回答”的次数重复执行相关代码，实现多个城台的绘制。参考代码如图 12-10 所示。

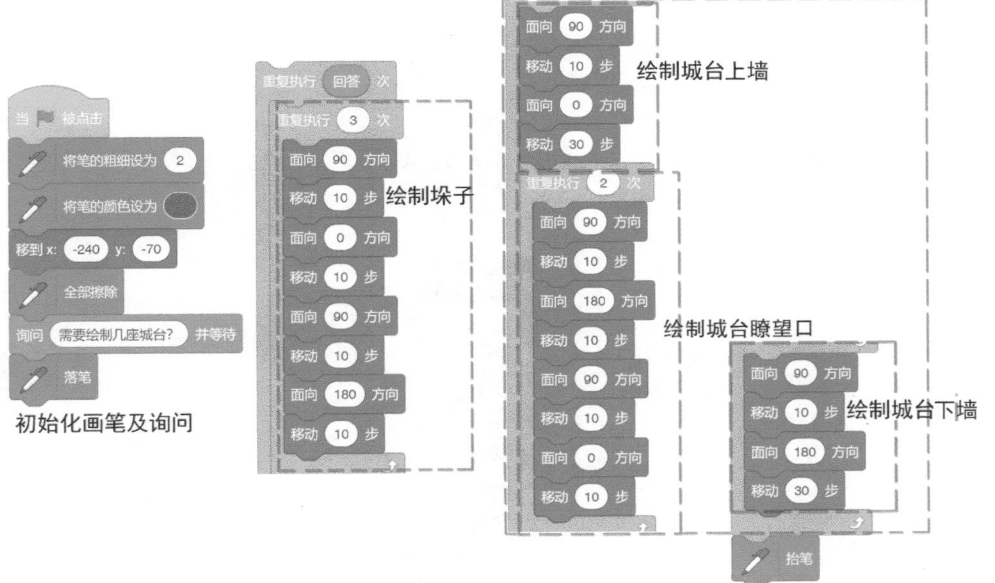

图12-10　绘制长城参考代码

想一想

1. 当使用者输入的城台个数过多，无法在舞台上完全绘制出来时，如何限制使用者回答的个数？
2. 如果不限制回答的个数，怎样让画笔在到达舞台右边缘时停止作画？

12.2 课程回顾

课程目标	掌握情况
1. 能够对连续图案进行分析，找到构成图案的基本单元	☆☆☆☆☆
2. 能够灵活选择顺序结构或循环结构，完成绘制图案基本单元的代码编写	☆☆☆☆☆
3. 能够利用循环嵌套结构绘制复杂的图形	☆☆☆☆☆
4. 能够运用**"询问 ×× 并等待"**和**"回答"**积木共同控制循环重复执行的次数	☆☆☆☆☆

12.3 课程练习

1. 单选题

（1）下面的代码运行后会得到的图形是（　　）。

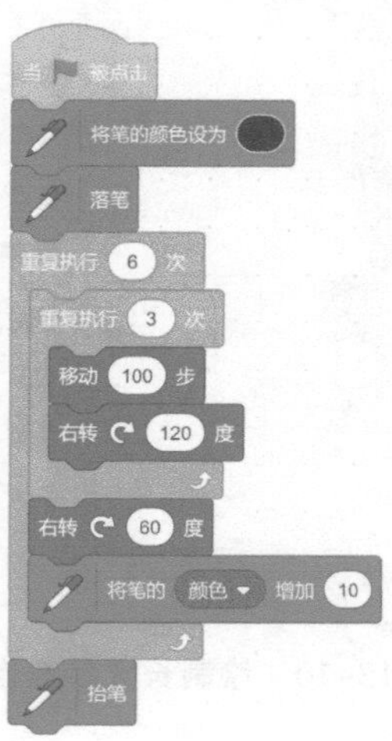

A.  B. 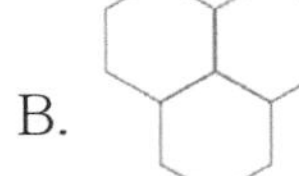 C.  D. 

（2）在用画笔绘制下列选项中的图案时，能够分解的基本单元是（　　）。

A. 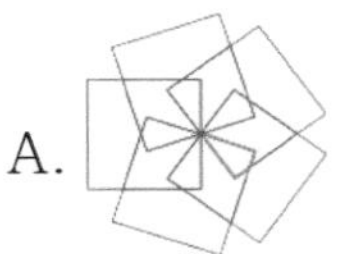 B.  C.  D. 

（3）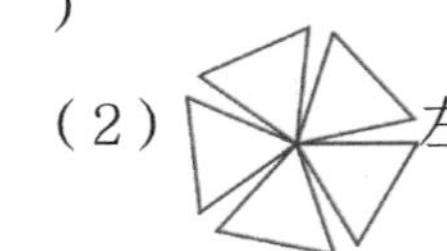左图所示的图形能用以下哪个代码绘制出来？（　　）

A. 

B. 

C. 

D. 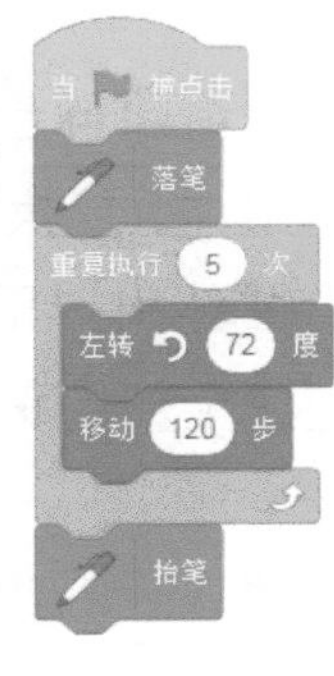

2. 判断题

（1）利用循环嵌套结构进行绘制时，内循环里不能够使用

积木。（　　）

（2）左图是一个复杂图案，需要在循环体里面使用顺序结构及循环结构才能完成。（　　）

3. 编程题

综合运用“画笔”分类中的各个积木，结合循环结构完成风车的绘制，如下图所示。

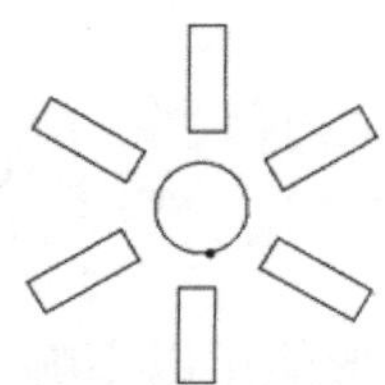

（1）准备工作

使用默认的空白背景，手动绘制一个小圆点作为角色，并删除小猫角色。

（2）功能实现

清除舞台上的所有图形，设置画笔粗细为 2，并设定一种自己喜欢的颜色。利用“重复执行 × × 次”积木画出中间的圆轴；用循环的嵌套画出四周的叶轮，内循环用“重复执行 × × 次”积木画矩形，外循环用“重复执行 6 次”积木完成全部扇页的绘制。中间圆轴与四周的叶轮不能有连笔现象。

12.4 提高扩展

请结合所学的“画笔”“侦测”“变量”等知识，完善你的代码并绘制多段五彩长城，使你的画面更饱满，颜色更丰富。或者尝试用其他办法完成长城的绘制，比如使用“画笔”分类中的图章功能。

第 13 课　魔术表演——初识广播

舞台上的魔术师，说一声“变”，就可以变换出不同的花草、动物、物品等，表演出让人惊叹的魔术节目。本课范例作品是“魔术表演”：魔术师说出“变”之后，舞台上的礼物盒就会变成蛋糕等物品，如图 13-1 所示。

作品预览

图13-1　“魔术表演”范例作品

13.1 课程学习

13.1.1 相关知识与概念

1. 认识新的积木

：此积木属于“事件”分类，表示广播指定的消息。此积木有一个下拉列表参数，用于指定消息的名称，包括默认的“新消息”“消息 1”以及其他新建的消息。

：此积木属于“事件”分类，表示广播指定的消息并等待。与“广播 ××”积木不一样的是：此积木广播消息后将等待所有接收到这条消息的代码都运行完以后，才会继续向下运行。此积木有一个下拉列表参数，用于指定需要广播的消息，包括默认的“新消息”“消息 1”以及其他新建的消息。

：此积木属于“事件”分类，表示当接收到指定消息时，运行该积木下方的代码。此积木有一个下拉列表参数，用于指定需要接收的消息名称。如果没有新建过消息，那么下拉列表中仅包括“新消息”和默认的“消息 1”这两个选项；如果新建了消息，那么在下拉列表中就会有新建的消息选项。

2. 新建广播消息

如果要新建广播消息，可以单击**“广播 ××”**积木下拉列表中的“新消息”选项，在打开的“新消息”对话框中输入新消息的名称，最后单击“确定”按钮，就可以新建一个消息，如图 13-2 所示。

图13-2　建立新消息并命名

13.1.2 准备工作

1. 设置舞台背景

从背景库中选择名为“Concert”的图片作为舞台背景，同时删除默认的空白背景。

2. 设置角色

删除小猫角色，并从角色库中选择名为“Wizard Girl”的角色，在“造型”选项卡下，从素材库中为该角色增加另一个造型“Abby-c”，如图 13-3 所示。

图13-3 “Wizard Girl”角色的造型

选择名为“Gift”的角色，在“造型”选项卡下，删除造型 “Gift-b”，并从素材库中为该角色添加“Cake” “Balloon1” “Basketball”这 3 个造型，调整所有造型的大小为合适的大小，如图 13-4 所示。

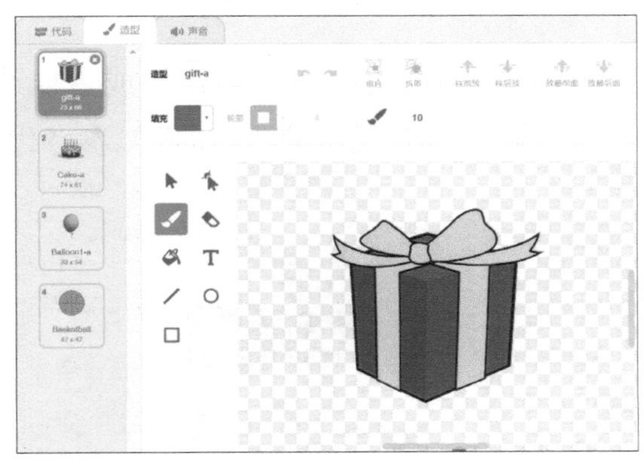

图13-4 “Gift”角色的造型

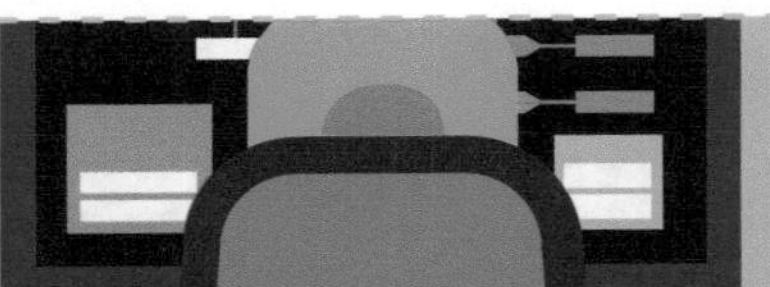

13.1.3 运用广播积木实现简单的魔术表演

当魔术师说完“生日快乐”时，礼物盒变成蛋糕；当魔术师走近蛋糕时，蛋糕变成气球并升空。编程思路如下。

（1）初始化魔术师“Wizard Girl”角色的位置，在“Wizard Girl”说出“生日快乐”以后，将广播“消息 1”。参考代码如图 13-5 所示。

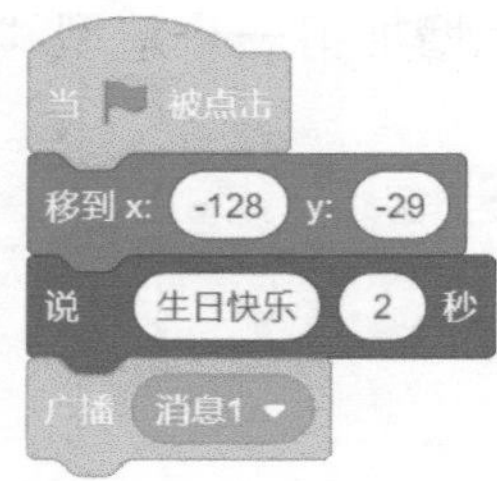

图13-5 魔术师“Wizard Girl”初始化的参考代码

（2）初始化礼物盒“Gift”角色，使得程序每次重新运行时，礼物盒都能出现在相同的位置并保持固定的造型。参考代码如图 13-6 所示。

图13-6 礼物盒“Gift”初始化的参考代码

（3）当“Gift”角色接收到“消息 1”后切换成蛋糕造型，并通知魔术师“Wizard Girl”角色“移动”，即广播消息“移动”。参考代码如图 13-7 所示。

图13-7 礼物盒接收和发送广播的参考代码

（4）魔术师“Wizard Girl”接收到广播消息“移动”后，走向蛋糕“Gift”。参考代码如图 13-8 所示。

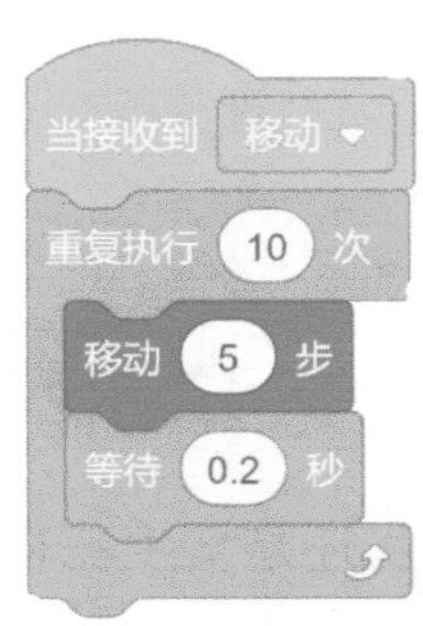

图13-8 魔术师接收广播消息“移动”的参考代码

（5）蛋糕“Gift”碰到魔术师“Wizard Girl”后，蛋糕就切换成气球造型，并上升至舞台的顶部。参考代码如图 13-9 所示。

图13-9 蛋糕变成气球并升空的参考代码

想一想 把礼物盒接收和发送广播的参考代码中的**“广播 ×× 并等待”**积木修改为**“广播 ××”**积木，运行代码并观看效果。通过对比效果，思考并填写下表。

积木	相同点	不同点
广播 消息1 ▾		
广播 消息1 ▾ 并等待		

13.1.4 综合运用广播积木实现灵活的魔术表演

魔术师询问“你的朋友是男生还是女生：1. 男生；2. 女生”，然后根据回答送出不同的礼物。询问 2 次后，礼物变成气球飞到屏幕上方，程序结束。编程思路如下。

（1）当“Wizard Girl”角色询问并得到回答后，广播相应的消息，并等待接收广播消息的角色执行完动作，再进入下一次询问。当使用者输入数字 1 时，发送消息“男生”；当输入数字 2 时，发送消息“女生”。重复执行 2 次之后广播消息“演出结束”。参考代码如图 13-10 所示。

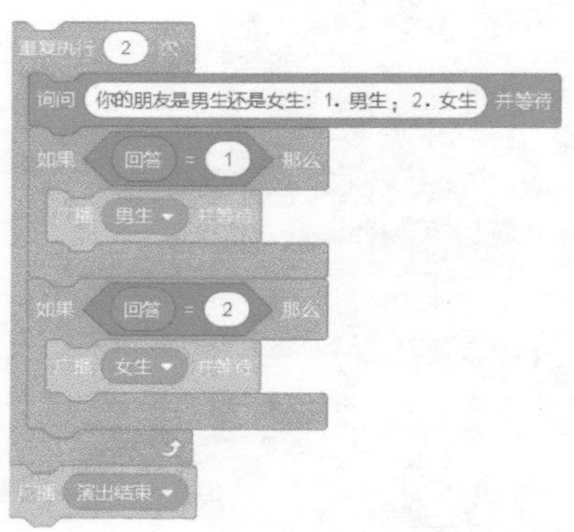

图13-10　魔术师询问的参考代码

（2）“Gift”角色会接收到不同的广播消息，执行对应的代码，实现变出不同礼物的魔术效果。参考代码如图 13-11 所示。

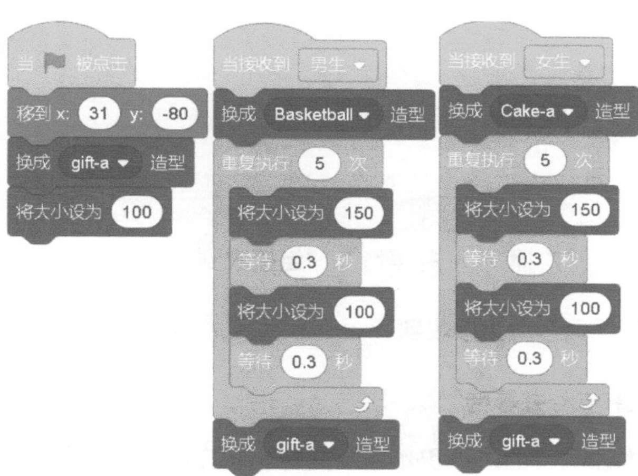

图13-11　“Gift”变出不同礼物的参考代码

（3）当礼物盒“Gift”角色接收到“演出结束”消息后，该角色会切换至气球造型，并从原位置飞到舞台上方。参考代码如图 13-12 所示。

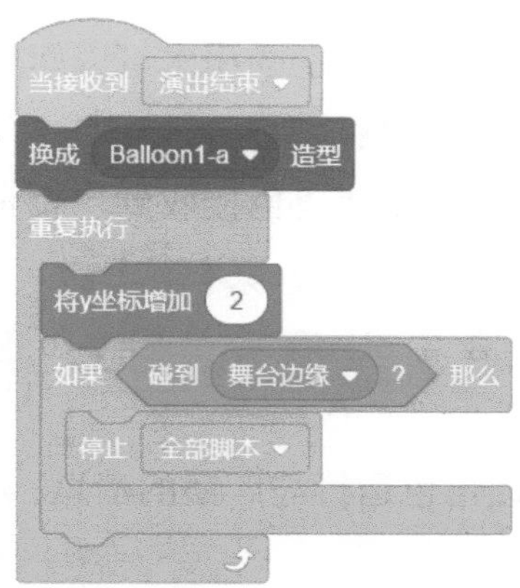

图13-12　礼物盒结束演出的参考代码

练一练

1. 编写程序实现让魔术师在演出结束之后谢幕的效果。
2. 还可以用什么积木，实现气球上升的效果？

我使用的积木是：________________________。

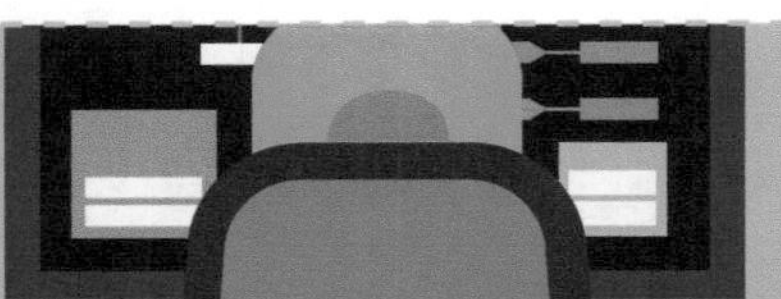

13.2 课程回顾

课程目标	掌握情况
1. 认识**“广播 ××”“广播 ×× 并等待”“当接收到 ××”**积木	☆☆☆☆☆
2. 学会使用**“广播 ××”“当接收到 ××”**积木完成消息的传递	☆☆☆☆☆
3. 学会使用**“广播 ×× 并等待”**积木	☆☆☆☆☆
4. 能够综合应用本课学习的广播积木以及其他积木完成任务的程序设计	☆☆☆☆☆

13.3 课程练习

1. 单选题

（1）在 Scratch 中，（　　）类别的积木可以面向全体角色传递消息。

A. 运动　　B. 侦测　　C. 事件　　D. 扩展

（2）在 Scratch 中，如果要让角色接收到广播消息且运行完相应代码后才会接着向下运行代码，应该使用（　　）积木。

A. 广播 消息1　　B. 广播 消息1 并等待　　C. 当角色被点击　　D. 当接收到 消息1

（3）下列选项中可以让角色运行与广播的消息，对应的代码的选项是（　　）。

A. 当接收到 消息1　　B. 当 🏴 被点击　　C. 广播 消息1　　D. 当角色被点击

2. 判断题

（1）在 Scratch 中，所有角色都必须接收广播的消息，并且需要对所接收到的消息做出相应的反应。（　　）

（2）Scratch 中“广播 ×× 并等待”积木指的是等待所有角色都运行完相应代码以后才能运行下一步代码。（　　）

3. 编程题

使用广播功能，编写一个篮球运动的程序。

（1）准备工作

从素材库里选择篮球场“Basketball 1”作为舞台背景，并删除空白背景。删除小猫角色，并从素材库中添加篮球“Basketball”角色；接着添加“Dorian”“Jamal”这两个角色作为篮球运动员。新建变量 A、B，分别记录“Jamal”和“Dorian”接到篮球的次数。

（2）功能实现

篮球在舞台上方随机下落，并以较慢的速度做自由碰撞运动；使用者利用方向键控制角色“Dorian”移动，在角色移动时广播某指定的消息；角色“Jamal”接收到该消息后，自动向“Dorian”角色的方向移动。如果角色“Jamal”碰到角色“Dorian”，就切换造型。

13.4 提高扩展

利用广播功能，可以实现不同角色之间的交互。然而，广播只带有消息名称，不带有参数。如果想在广播过程中传递部分参数，可以使用变量类积木。具体操作流程如下。

（1）将变量 a 的值设置为需要传递的参数，例如 100。

（2）角色 1 广播消息。

（3）角色 2 接收到角色 1 广播的消息后，从变量 a 中取出值。

于是，这样就实现了角色 1 将参数 100 传给角色 2 的目的。

新建变量 a、b，将需要传递的参数赋值给 a，例如：a=100。

角色 1 广播消息。

角色 2 接收到广播的消息后，设置 b=a。

第 14 课　歌舞表演
——多角色广播

学校即将举办一场别开生面的歌舞表演，同学们热情地准备着各种舞蹈、健身操等节目。本课范例作品是“歌舞表演”：主持人报幕之后，各个表演者依次登场，开始演出，观众在观看演出的过程中不断发出欢呼声，如图 14-1 所示。

作品预览

图14-1　“歌舞表演”范例作品

14.1 课程学习

14.1.1 相关知识与概念

本课范例作品的程序，通过广播功能实现多角色之间的互动，同时可以通过广播多个消息调度各角色在不同时刻表演不同的歌曲或者舞蹈。

14.1.2 准备工作

1. 设置舞台背景

从背景库中添加“Theater”和“Spotlight”这两张图片作为舞台背景，同时删除默认的空白舞台背景。

2. 设置角色

删除小猫角色，并从角色库中添加“Avery”和“Devin”这两个角色，作为歌舞表演的主持人。接着添加“D-Money Dance”和“Jouvi Dance”这两个角色，作为街舞节目的表演者。然后添加“Ballerina”角色，作为舞蹈节目的表演者。再添加“Dorian”和“Jamal”这两个角色，作为健身操节目的表演者。最后添加“Elephant”和“Duck”这两个角色，作为本场表演的观众。

3. 新建变量

新建全局变量“倒计时”，用于实现主持人“Devin”进行倒计时的效果。

14.1.3 角色及舞台背景的初始化

为了让界面美观、合理，需要设置角色的初始造型、大小、方向、位置、碰到边缘的反应、旋转方式以及显示状态。我们需要把“Theater”设定为舞台的初始背景。

以主持人“Devin”角色为例，其初始化代码如图 14-2 所示。

图14-2　主持人“Devin”角色的初始化代码

试一试 打开 Scratch，完成其他角色初始化代码的设计。

14.1.4 设置倒计时效果

将“倒计时”的初始值设置为 5，表示循环体重复执行 5 次，每次将“倒计时”的值增加 -1，同时让“Devin”说出倒计时数字。当倒计时结束后，宣布“歌舞表演开始”并发送广播消息“表演开始”。实现倒计时效果的代码如图 14-3 所示。

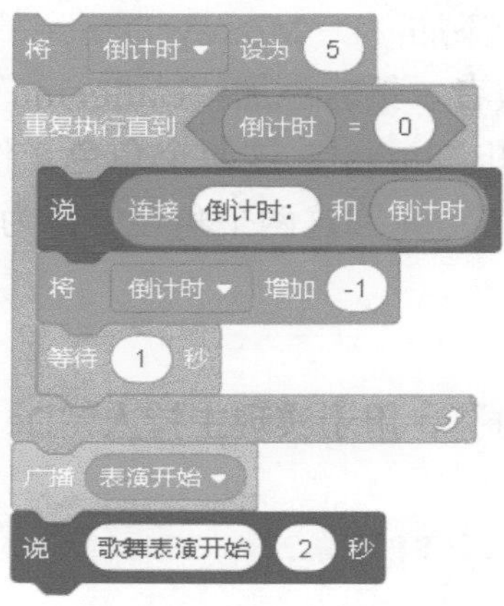

图14-3　实现倒计时效果的代码

想一想 在倒计时的设置中，如果不用**“重复执行直到（倒计时 =0）”**积木，还能使用什么积木完成？

14.1.5 角色接收广播消息“表演开始”后的动作

舞台接收到广播的消息“表演开始”后，将背景换成“Spotlight”，代码如图 14-4 所示。

图14-4　舞台接收到广播的消息的处理代码

观众“Elephant”接收到广播的消息“表演开始”后，重复切换造型。观众“Duck”接收到广播的消息“表演开始”后，发出欢呼的声音。两个角色对应的代码如图 14-5 和图 14-6 所示。

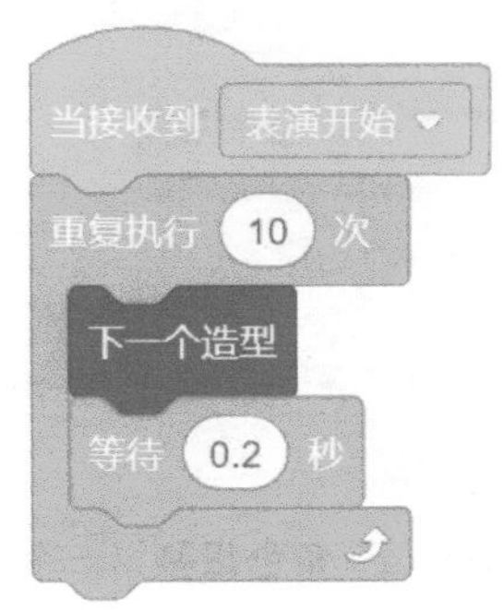

图14-5　“Elephant”角色接收广播的消息的处理代码

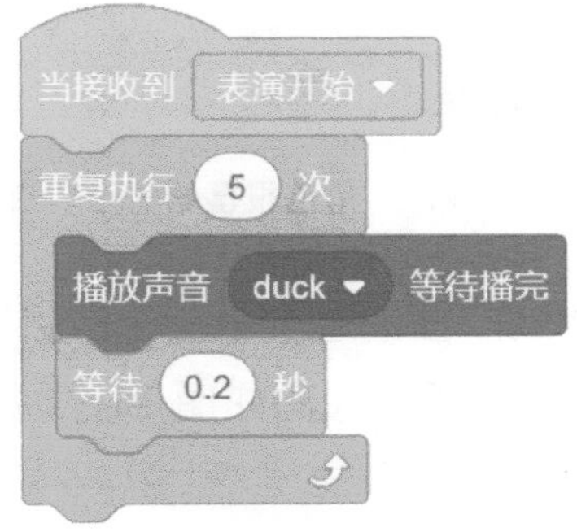

图14-6　“Duck”角色接收广播的消息的处理代码

练一练　在 Scratch 中完成以上代码的设计。

14.1.6 多角色广播完成歌舞表演

接下来，歌舞表演在主持人的组织下正式开始。编程思路如下。

歌舞表演正式开始，两位主持人利用广播功能进行互动，完成第一个节目的报幕后，移动到舞台的两侧。两个角色对应代码如图 14-7 和图 14-8 所示。

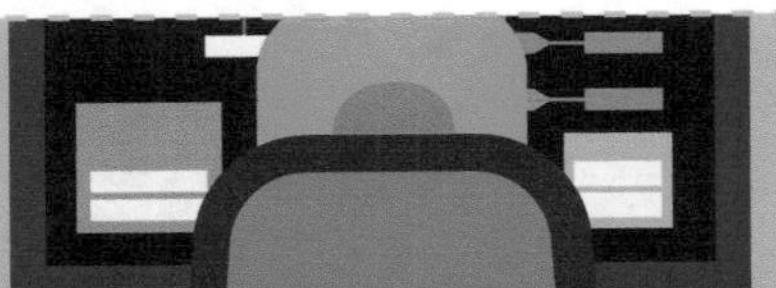

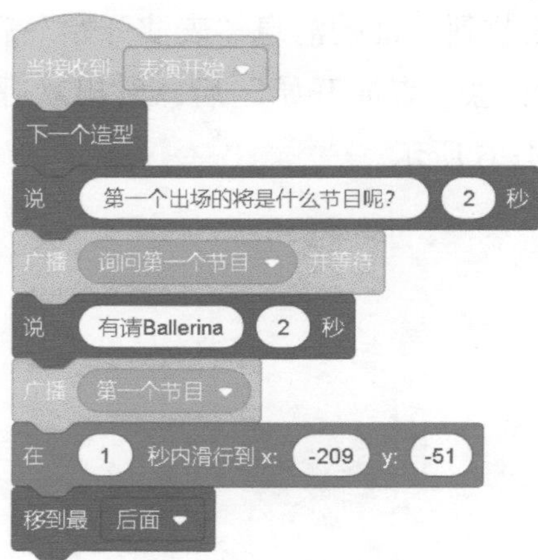

图14-7 “Devin”角色报幕第一个节目的代码

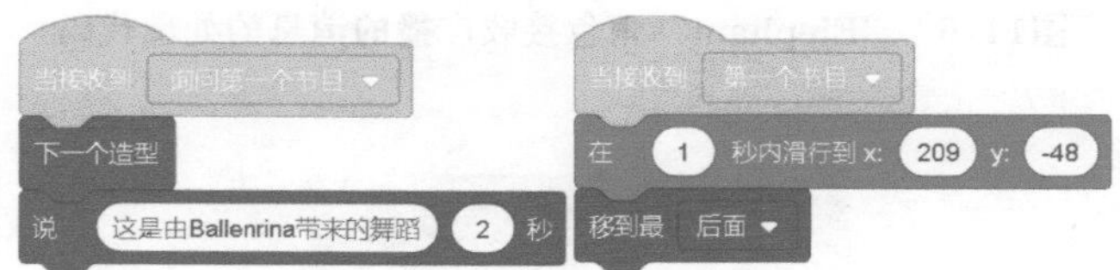

图14-8 “Avery”角色报幕第一个节目的代码

“Ballerina”角色接收到广播消息“第一个节目”后，开始舞蹈表演。我们可以为该角色选择合适的舞蹈音乐，代码如图 14-9 所示。

图14-9 “Ballerina”角色舞蹈表演的代码

主持人“Devin”接收到广播消息“第一个节目结束”后，开始为第二个节目报幕，代码如图 14-10 所示。

当接收到 第一个节目结束
说 非常棒的节目，接下来的表演是一个街舞 2 秒
广播 第二个节目

图14-10　“Devin”角色报幕第二个节目的代码

“D-Money Dance”和“Jouvi Dance”接收到广播消息“第二个节目”后，开始表演街舞。表演结束后，两位表演者分别移动到舞台的两侧。由于两个角色的代码基本一致，这里以“D-Money Dance”角色的代码为例，如图 14-11 所示。

图14-11　“D-Money Dance”角色表演街舞的代码

主持人“Avery”接收到广播消息“第二个节目结束”后，开始为第三个节目报幕，代码如图 14-12 所示。

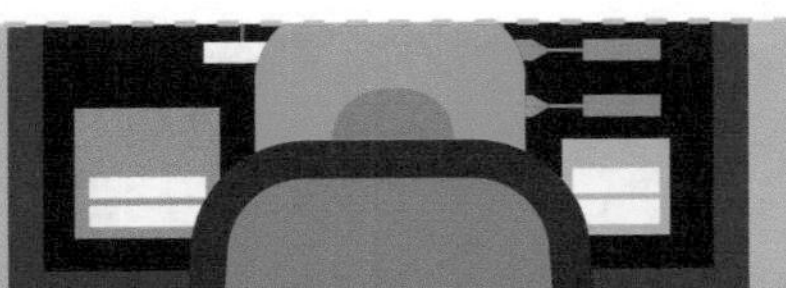

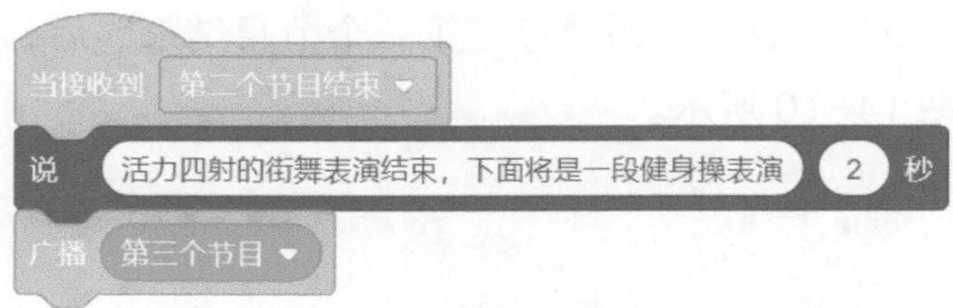

图14-12 “Avery”报幕第三个节目的代码

“Dorian”和“Jamal”接收到广播消息“第三个节目”后，开始表演健身操。以“Jamal”角色为例，代码如图 14-13 所示。

图14-13 “Jamal”角色表演健身操的代码

“Jamal”角色广播“表演结束”消息，程序中所有角色接收到此广播消息后谢幕，代码如图 14-14 所示。

图14-14 各角色谢幕的代码

练一练 尝试修改程序，实现观众点播节目的功能。

14.2 课程回顾

课程目标	掌握情况
1. 熟练掌握**“广播 ××”“广播 ×× 并等待”“当接收到 ××”**积木的使用方法	☆☆☆☆☆
2. 能够知道使用**“广播 ××”**与**“广播 ×× 并等待”**积木完成消息传递的区别	☆☆☆☆☆
3. 能够综合应用本课所学的广播积木以及其他积木完成任务的程序设计	☆☆☆☆☆

14.3 课程练习

1. 单选题

（1）在 Scratch 中，需要面向角色广播消息，并继续向下运行，可以使用（　）积木。

A. 广播 消息1　　B. 当接收到 消息1　　C. 广播 消息1 并等待　　D. 说 你好! 2 秒

（2）关于广播积木，下面哪个说法是正确的？（　）

A. 当一个角色广播消息后，只有特定的角色才可以接收到此消息

B. 同一个消息，只有一个角色广播这个消息

C. 当一个角色广播消息后，所有角色都可以接收并运行不同的代码

D. 重复广播一个消息，相应角色接收到这个消息后，只运行一次对应的代码

（3）A 与 B 相遇时进行相互问候，根据下面的代码，谁先发出问候？（　）

角色 A 的代码：

，

角色 B 的代码：

A. 角色 A 先发出问候　　B. 角色 B 先发出问候

C. 角色 A 和角色 B 一起发出问候　　D. 都不问候

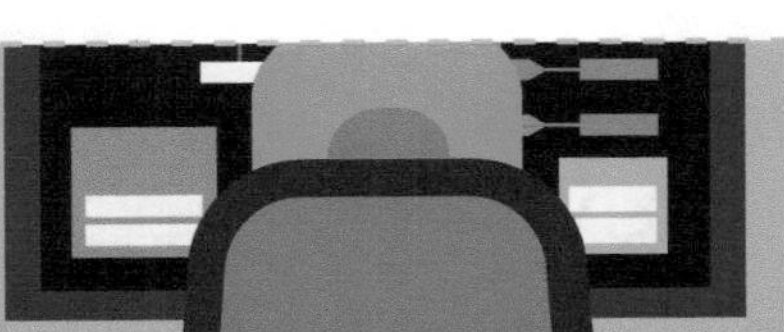

2．判断题

（1）“广播”消息的内容可以是变量。（　）

（2）通过广播消息可以将该角色当前的所有参数一起发送出去。（　）

3．编程题

森林里，要召开动物大会，商讨如何保护树木，请利用“广播 × ×”“广播 × × 并等待”“当接收 × ×”等积木，编写一个漫画程序，实现动物在动物大会上研讨的效果。

（1）准备工作

从角色库中选择名为“Forest”的图片作为舞台背景，选择多个动物图片作为角色，设计动物大会的研讨场景。

（2）功能实现

利用“广播 × ×”“广播 × × 并等待”“当接收到 × ×”等积木完成此漫画故事。每个角色都可以多次发言，提出保护树木的办法，经过讨论得出最终的方案。

14.4 提高扩展

不同积木之间的组合应用，可以给程序设计带来很大的便利性和丰富的创新性。例如：根据不同的广播消息，角色切换到不同的造型，就可以利用**“广播 × ×”“广播 × × 并等待”“在 × × 和 × × 之间取随机数”**等积木的组合完成程序的设计。

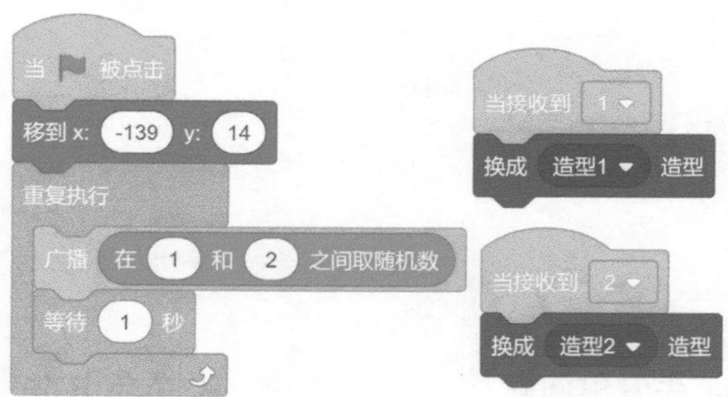

第 15 课　吃虫游戏 ——对克隆的认识与基本应用

本课范例作品是“吃虫游戏”：用户手动输入一个起始角度来控制母鸡的初始方向，母鸡与程序随机生成起始角度的小鸡进行比赛，看看谁在移动过程中吃掉的虫子更多，如图 15-1 所示。

作品预览

图15-1 “吃虫游戏”范例作品

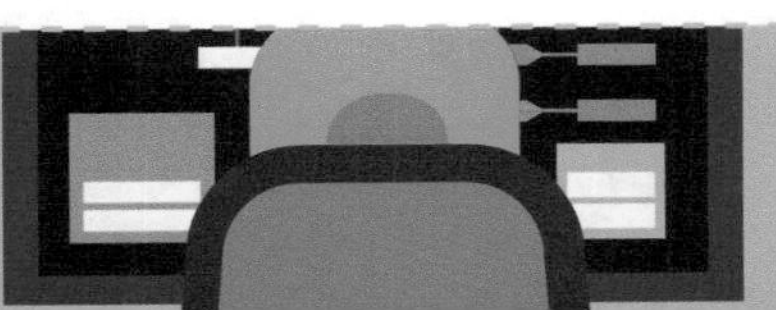

15.1 课程学习

15.1.1 学习相关知识和概念

1. 什么是克隆

克隆是指复制当前角色或其他角色，复制出的内容叫作克隆体。克隆体会继承原角色（本体）的所有属性，包括造型、位置、颜色、大小等。克隆完成后，原角色（本体）的变化不影响克隆体。

2. 认识新的积木

克隆 自己 ：此积木属于“控制”分类，表示克隆指定的角色。此积木有一个下拉列表参数，用于选择克隆的角色，包括自己（当前角色）和角色列表区的其他角色；如果选中舞台背景，那么这个下拉列表参数默认的选项就不是“自己”，而是角色列表区的第一个角色的名称。

当作为克隆体启动时：此积木属于“控制”分类，表示当指定角色作为克隆体启动时，执行此积木下方的代码，并且再次赋予克隆体的属性与原角色（本体）没有关系。

删除此克隆体 ：此积木属于“控制”分类，表示删除当前的克隆体。

想一想 通过对克隆的理解，对比画笔的图章功能，思考二者有什么相同点和不同点？

15.1.2 准备工作

1. 设置舞台背景

从背景库中添加名为“Forest”的图片作为舞台背景，同时删除默认的空白舞台背景。

2. 设置角色

删除小猫角色，并添加“Hen”“Chick”“Grasshopper”这3个角色。其中“Hen”

有 3 个造型，“Chick”有 4 个造型，造型的互相切换可以实现吃食物的动态效果；“Grasshopper”有 6 个造型，保留范例作品中需要用到的“Grasshopper-a”造型，删除其余的造型。

3. 新建变量

新建全局变量“母鸡”“小鸡”，分别用于记录“Hen”和“Chick”吃虫子的个数。

15.1.3 运用克隆实现简单的动画

在已经完成的场景中，运用**“克隆自己”**积木完成虫子“Grasshopper”的复制。编程思路如下。

对虫子“Grasshopper”角色进行初始化，使其符合场景的设计要求。初始化代码如图 15-2 所示。

图15-2　“Grasshopper”角色的初始化代码

结合**“克隆自己”**积木和**“重复执行 ×× 次”**积木完成“Grasshopper”角色的多次克隆，代码如图 15-3 所示。

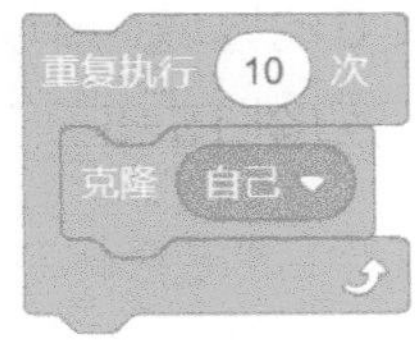

图15-3　“Grasshopper”角色多次“克隆自己”的代码

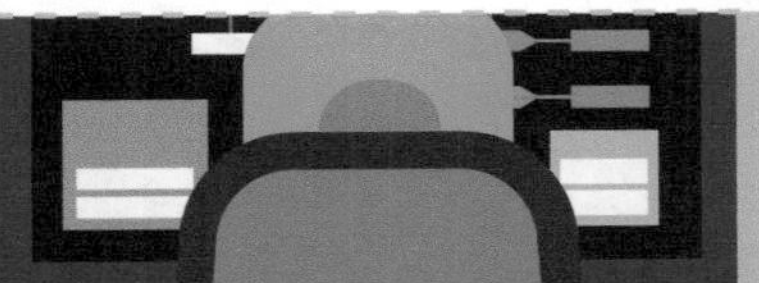

克隆出的 10 个克隆体和原角色相互叠加，需要使用“当作为克隆体启动时”积木，让克隆体移动到随机位置，使其分散到舞台上的不同位置，代码如图 15-4 所示。

图15-4 “Grasshopper”角色克隆体的代码

练一练 打开 Scratch，根据以上步骤，完成虫子的克隆，并实现克隆体的移动。

15.1.4 运用克隆完成吃虫游戏

在本课范例作品的程序中，“Hen”角色由用户输入起始角度，“Chick”角色由程序随机生成一个起始角度，“Hen”和“Chick”通过各自的变量“母鸡”和“小鸡”来统计吃虫的数量，虫子被全部吃完则游戏结束。

1. 母鸡的编程思路

“Hen”角色先使用**“询问 × × 并等待”**积木，再把**“回答”**积木嵌入**“面向 × × 方向”**积木中，实现由用户输入起始角度的功能。

为了统一游戏的开始时间，当用户输入“Hen”的起始角度后，向其他角色广播“消息 1”，作为游戏开始的信号。

为了让动画效果更加逼真，需要切换角色的造型实现动态效果，同时将角色的活动范围限制在草地上，即 $y \leqslant 0$ 的区域。所以当“Hen”移动到 $y>0$ 的区域时，需改变“Hen”的移动方向。代码如图 15-5 所示。

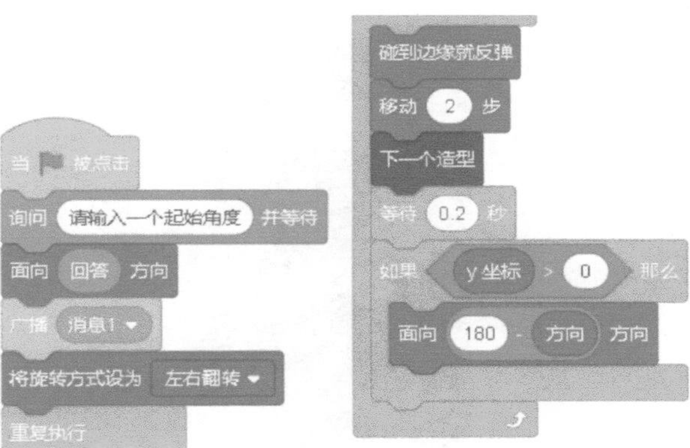

图15-5　“Hen”角色在草地上自由移动的代码

2. 小鸡的编程思路

“Chick”角色在接收到“消息 1”后，使用**“在 × × 和 × × 之间取随机数”**积木确定起始角度。其余代码与“Hen”的代码类似，如图 15-6 所示。

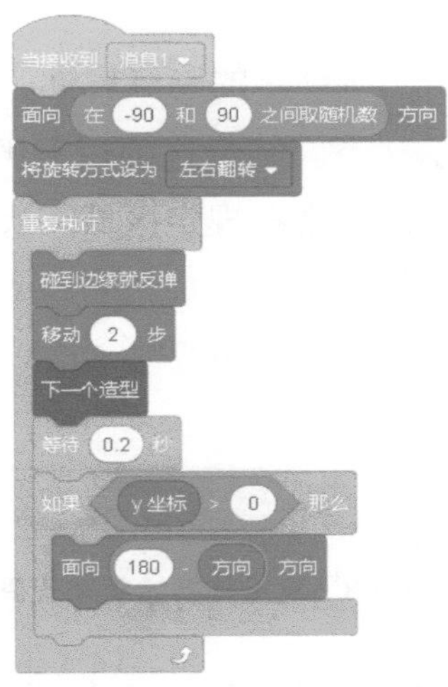

图15-6　“Chick”角色在草地上自由移动的代码

3.“Grasshopper”角色的编程思路

设置变量“母鸡”和“小鸡”初始值为 0，将对变量的操作都放在“Grasshopper”角色之下。使用“隐藏”积木将原角色（本体）隐藏起来，使程序运行时，用户看到的都是克隆体。参考代码如图 15-7 所示。

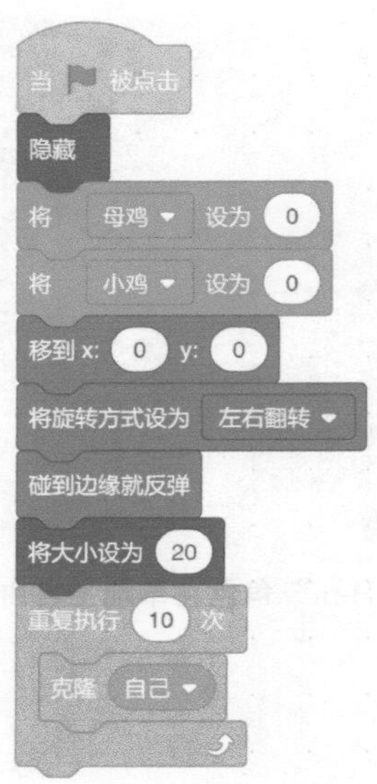

图15-7 “Grasshopper”角色的参考代码

4. 启动克隆体

由于克隆体继承了原角色（本体）的隐藏属性，所以需要使用“显示”积木，将克隆体从隐藏状态变为显示状态。结合移到指定坐标积木和 **“在 × × 和 × × 之间取随机数”**积木，使克隆体出现在规定区域。代码如图 15-8 所示。

图15-8 克隆体初始状态代码

在克隆体代码中，利用“重复执行”积木与**“如果 × × 那么 × ×”**积木的嵌套，不断判定克隆体是否碰到“Hen”或“Chick”，并用变量“母鸡”“小鸡”分别记录克隆体碰到“Hen”和“Chick”的次数。代码如图 15-9 所示。

图15-9　记录克隆体碰到“Hen”和“Chick”角色次数的代码

通过变量“母鸡”和“小鸡”之和来计算克隆体碰到“Hen”和“Chick”的总数，当总数等于 10 时，意味着所有克隆体都已经被吃掉，则游戏结束。代码如图 15-10 所示。

图15-10　利用变量控制游戏结束的代码

练一练

1. 想要让克隆体也运动起来，该怎样修改代码？
2. 克隆体可以无限出现吗？动手验证一下。

15.2 课程回顾

课程目标	掌握情况
1. 认识**“克隆 × ×”“当作为克隆体启动时”“删除此克隆体”**积木	☆☆☆☆☆
2. 学会使用**“克隆 × ×”“当作为克隆体启动时”“删除此克隆体”**积木	☆☆☆☆☆
3. 认识克隆体与原角色（本体）的关系	☆☆☆☆☆
4. 能够综合应用本课所学的克隆积木以及其他积木完成任务的程序设计	☆☆☆☆☆

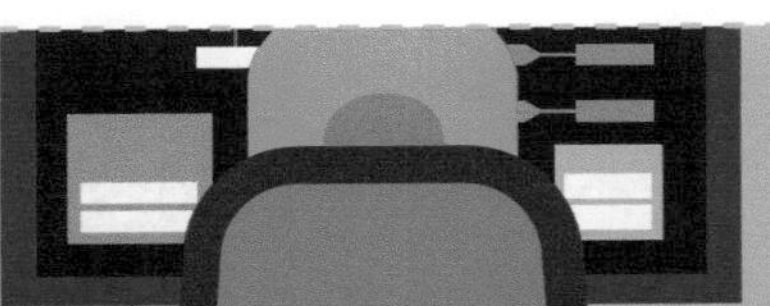

15.3 课程练习

1．单选题

（1）在 Scratch 中，“克隆 × ×”“当作为克隆体启动时”和“删除此克隆体”积木在哪个类别里？（　　）

A. 外观　　B. 运算　　C. 控制　　D. 侦测

（2）在 Scratch 中，如果让克隆体进行相应的运动，需要在哪个积木下编写代码？（　　）

A. 克隆 自己　　B. 当作为克隆体启动时　　C. 删除此克隆体　　D. 当角色被点击

（3）运行下列代码后，在舞台上可以看到几个相同的图形？（　　）

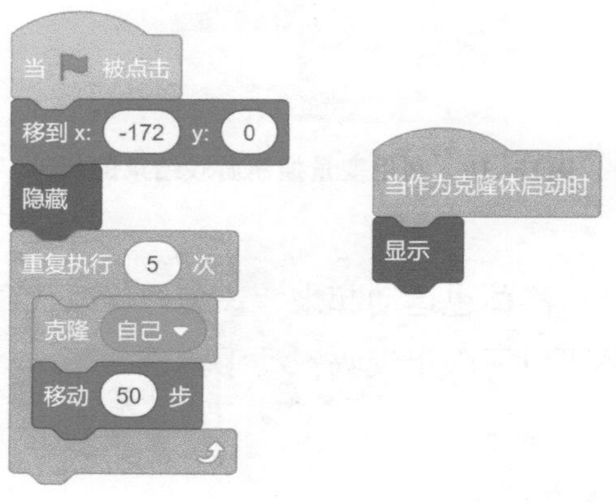

A.1　　B. 2　　C. 5　　D. 6

2．判断题

（1）在 Scratch 中，克隆体可以完全继承原角色（本体）的所有属性。（　　）

（2）克隆完成后，可以通过对原角色（本体）编写代码来控制克隆体。（　　）

3. 编程题

编写一个小猫在节日接礼物的程序。

（1）准备工作

从背景库里选择“Colorful City”作为新的背景，删除空白背景。保留小猫角色，并从角色库里添加“Gift”角色。

（2）功能实现

将“Gift”固定在舞台上方的某个位置并隐藏，将小猫放在舞台左下方，初始状态为显示。建立一个变量，将其命名为“礼物数量”，并将该变量的初始值设置为 0。点击小猫，广播消息。当“Gift”角色接收到广播时，左右移动到一个随机位置并克隆自己。克隆出来的礼物在舞台上显示，并从舞台上方自由下落。用←、→键控制小猫左、右移动，小猫接住礼物则变量“礼物数量”的值加 1，当变量值等于 10 时，程序结束。

15.4 提高扩展

在克隆过程中，克隆体会继承原角色（本体）的所有属性，在实际运用时，我们经常需要对某一个特定的克隆体编写代码，这时利用以往的知识是无法实现的。此时，我们可以将“克隆”与变量中的私有变量相结合，实现这个功能。

如何将克隆和私有变量相结合呢？

（1）为原角色（本体）新建一个私有变量。

（2）在每次克隆之前改变私有变量的值，确保每个克隆体被克隆出来的瞬间，私有变量都不一样。

（3）根据变量的值进行判断，动手做出相应的代码设计吧！

私有变量是角色独有的，在某个角色中操作其私有变量，不会影响到其他角色的私有变量。

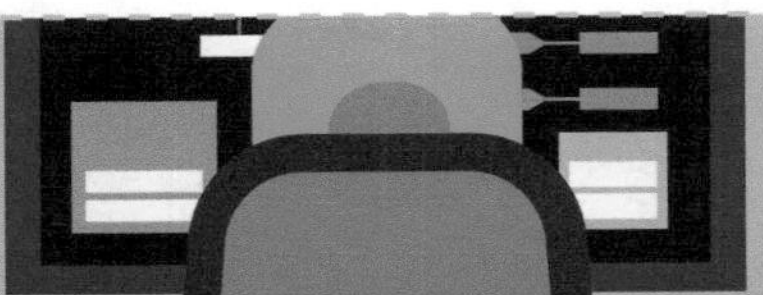

第 16 课　击球游戏——克隆的综合应用

本课范例作品是“击球游戏”：玩家操作射击器发射小球，当击中舞台上方同颜色的小球时，小球消失，且得分加 1，如果得分到达 20，则游戏胜利；如果球数为 0 时得分还没到 20，则游戏失败，如图 16-1 所示。

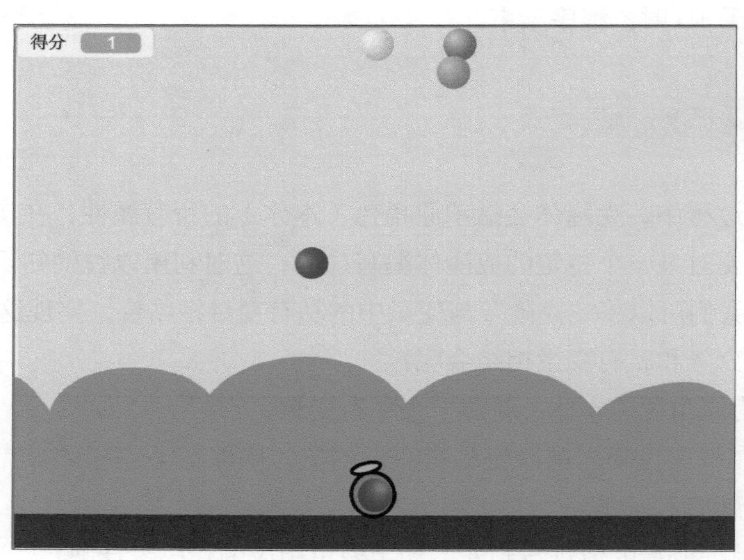

作品预览

图16-1　“击球游戏”范例作品

16.1 课程学习

16.1.1 学习相关知识和概念

在范例作品程序的完成过程中，我们将进一步使用克隆功能，并结合多个变

量，完成对克隆体的编号，同时综合应用变量、循环结构、判断等内容。

16.1.2 准备工作

1．设置舞台背景

删除空白舞台背景，并从背景库中选择名为“Blue Sky”的图片作为舞台背景；将此背景复制两次，用文本工具分别在复制出的两个背景中添加文字“游戏胜利”“游戏失败”。

2．设置角色

删除小猫角色，并从角色库中选择名为“Ball”的角色，此角色有 5 个不同颜色的造型，最后绘制角色“射击器”，如图 16-2 所示。

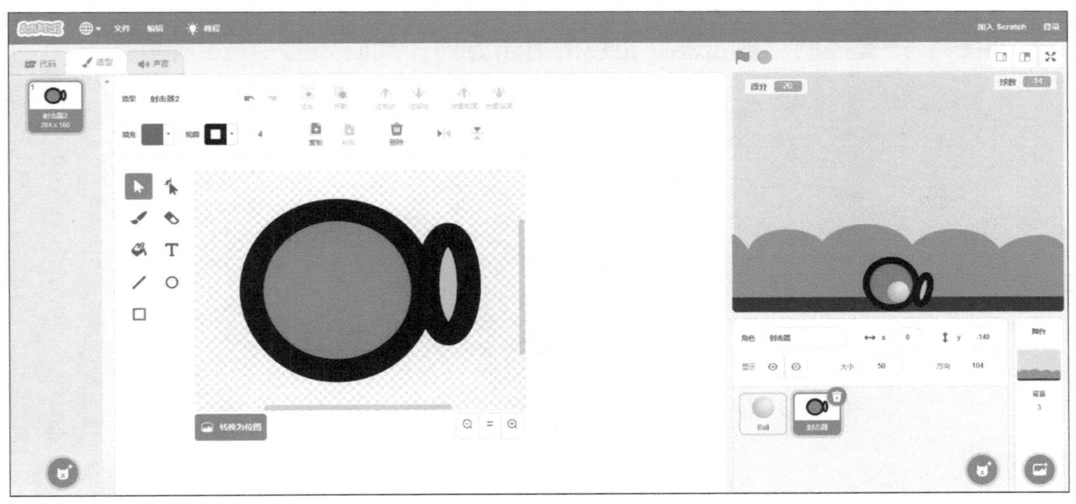

图16-2　“射击器”角色的绘制

3．设置变量

新建全局变量“得分”“球数”“克隆体造型”。“得分”用于记录总分数，所以初始值为 0；球的总数是 50 个，玩家射出一个球，总数减 1 个，所以“球数”的初始值为 50；“克隆体造型”用于记录克隆体编号，不需要设置初始值。

16.1.3 设置“射击器”角色的初始状态与控制方式

初始化“射击器”角色，使其在游戏开始时能够以合适的状态呈现，代码如图 16-3 所示。

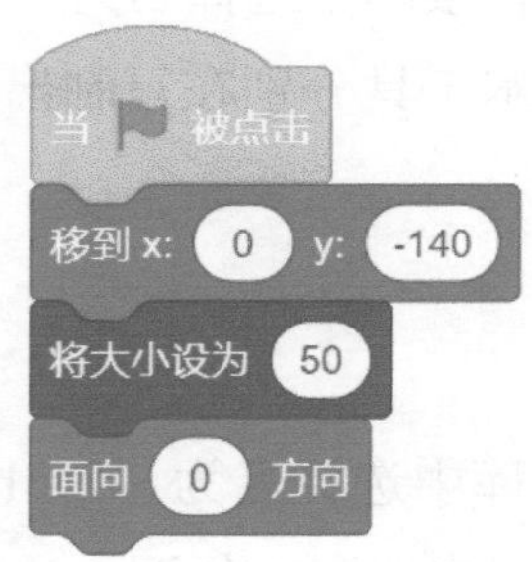

图16-3 “射击器”角色的初始化代码

用←、→键控制“射击器”角色的射击方向，代码如图 16-4 所示。

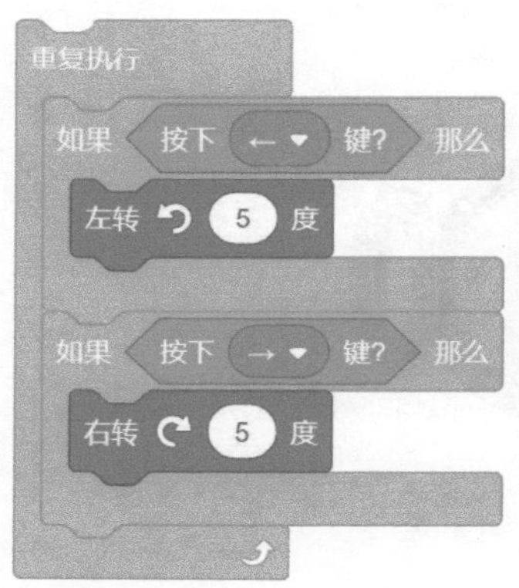

图16-4 控制“射击器”角色的代码

16.1.4 克隆“Ball”角色并设计游戏

用**“移到 x: × × y: × ×”**积木初始化“Ball”角色的位置，使“Ball”角色可以位于射击器的中间位置。然后重复判断空格键是否被按下，当检测到空格键被按下时，则开始克隆“Ball”角色，反之则继续等待。克隆之后将变量“克隆体造型”的编号设置为 1~5 的随机数，保证每次克隆之后克隆体的造型可以随机

切换，代码如图 16-5 所示。

```
当 🏴 被点击
移到 x: 0 y: -150
重复执行
    等待 0.5 秒
    等待 <按下 空格 ▼ 键?>
    克隆 自己 ▼
    将 克隆体造型 ▼ 设为 在 1 和 5 之间取随机数
    换成 克隆体造型 造型
```

图16-5　克隆“Ball”角色的代码

启动克隆体，将变量“球数”的值减 1（增加 -1），然后设置克隆体与“射击器”角色同方向，并向前移动 50 步，实现小球从射击器中射出的效果。代码如图 16-6 所示。

```
当作为克隆体启动时
将 球数 ▼ 增加 -1
移到最 前面 ▼
面向 (射击器 ▼ 的 方向 ▼) 方向
移动 50 步
```

图16-6　克隆体的代码

重复检测克隆体是否碰到舞台顶端或者是否碰到与该克隆体颜色相同的其他克隆体，如果没有碰到，则保持移动，否则停止移动，跳出循环。利用“运算”分类中“× × **或** × ×”积木的嵌套，完成多个条件的逻辑判断。代码如图 16-7 所示。

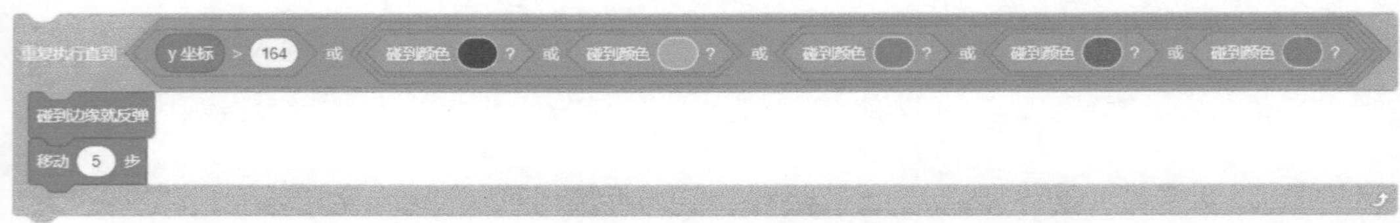

图16-7　克隆体侦测碰撞的代码

进一步设计游戏规则，如果克隆体碰到与之颜色相同的其他克隆体，则删除此克隆体，保留其他克隆体。利用“外观”分类中的“造型编号”积木实现这样的效果，当不同编号的克隆体碰到与之相同颜色的克隆体时，则删除当前编号的克隆体，同时变量“得分”加 1。代码如图 16-8 所示。

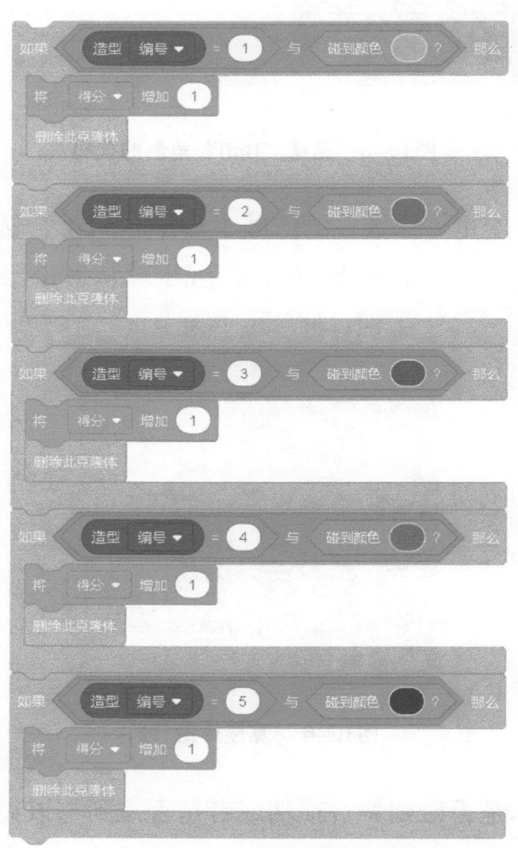

图16-8　克隆体侦测碰撞并删除当前克隆体的代码

想一想　对比隐藏克隆体与删除克隆体的区别。

16.1.5 设置舞台背景的初始化与游戏规则

初始化舞台背景及变量的初始值，代码如图 16-9 所示。

图16-9　初始化舞台背景及设置变量初始值的代码

设计游戏的规则：玩家击中一球得 1 分，如果得分到达 20 分，则游戏胜利，换成“Blue Sky2”背景；如果球数为 0 时得分还没到 20，则游戏失败，换成“Blue Sky3”背景。通过对变量值的判断，完成舞台背景的切换。代码如图 16-10 所示。

图16-10　设计游戏规则的代码

练一练　尝试为“击球游戏”增加难度：设置时间限制，玩家在规定时间内得到 20 分则游戏胜利，否则游戏失败。

16.2 课程回顾

课程目标	掌握情况
1. 进一步熟悉**“克隆 ××”“当作为克隆体启动时”“删除此克隆体”**积木的使用方法	☆☆☆☆☆
2. 能够综合应用本课的克隆积木以及其他积木完成任务的程序设计	☆☆☆☆☆

16.3 课程练习

1. 单选题

（1）以下关于克隆的描述中，说法正确是（　）。

A. 克隆就是复制角色当前的造型，并以一个新角色的身份出现在舞台上

B. 如果对有多个造型的本体进行克隆，在启用克隆体后可以直接用“外观”分类中的积木改变克隆体造型

C. 克隆体能够使用 Scratch 中所有类别的积木

D. 克隆完成之后，增加本体的造型，克隆体的造型也会增加

（2）以下选项中的代码运行后，能够得到下图的选项是（　）。

A.

B.
当 被点击
重复执行 5 次
移动 100 步
右转 72 度
克隆 自己
当作为克隆体启动时
删除此克隆体

C.
当 被点击
隐藏
重复执行 5 次
移动 100 步
右转 72 度
克隆 自己

D.
当 被点击
重复执行 5 次
移动 100 步
右转 72 度
克隆 自己

（3）下面的代码运行后，在舞台上出现的图形是选项（　　）。

角色 Rocks 的代码：

角色 1 的代码：

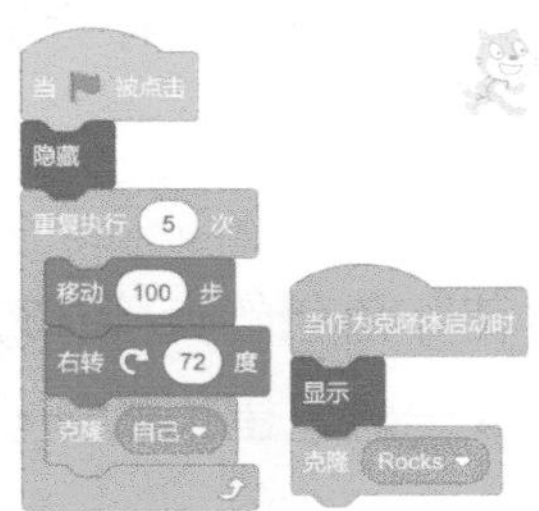

A. 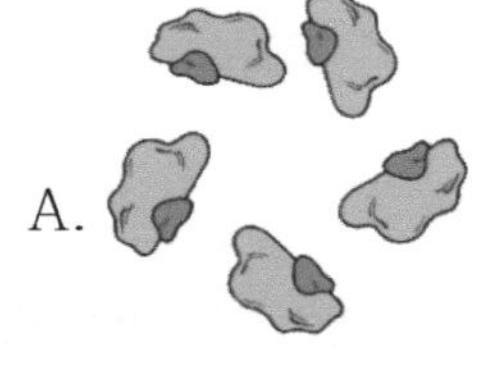　　B. 

C. 　　D. 

2. 判断题

（1）下图所示的代码运行后，在舞台上只能看到本体。（　　）

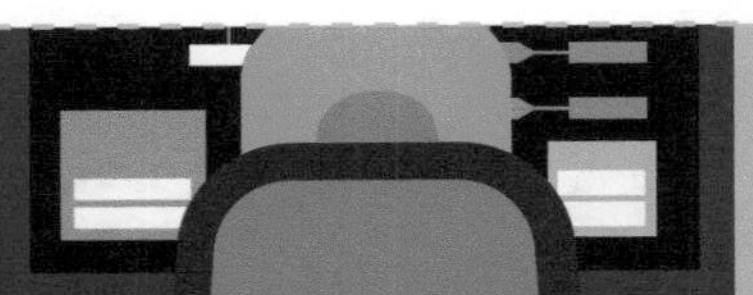

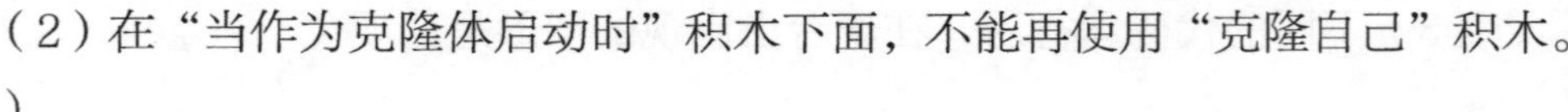

（2）在“当作为克隆体启动时”积木下面，不能再使用“克隆自己”积木。（　）

3．编程题

利用克隆功能编写程序，程序运行后能够在舞台上看到下雪的场景。

（1）准备工作

删除小猫角色，并绘制“雪花”角色。在背景库中选择名为“Winter”的图片作为舞台背景。

（2）功能实现

隐藏“雪花”角色。“雪花”角色的克隆体随机出现在舞台顶端，并使其从舞台顶端自由下落。角色大小取一定范围内的随机数。自定义一个变量，用来记录克隆体的数量。当克隆体总数大于 300 时，停止全部脚本。

16.4 提高扩展

角色在程序中不可以无限制地被克隆。由于克隆体比较占用计算机的系统内存，过多的克隆体会使计算机的运行性能下降，所以 Scratch 将克隆体的总数限制为 300 个左右，这里的总数指的是程序运行过程中，所有角色一共生成的克隆体数量。

第 17 课　分装水果 ——运算积木的综合应用

周末，Avery 到妈妈的水果店帮忙分装水果，水果店里有大果篮和小果篮，其中大果篮可以装 3 串香蕉、7 个橘子、8 个苹果；小果篮可以装 1 串香蕉、2 个橘子、4 个苹果。本课范例作品"分装水果"：当用户输入 3 种水果的总数之后，Avery 就会告诉你能够装的大、小果篮的个数，如图 17-1 所示。

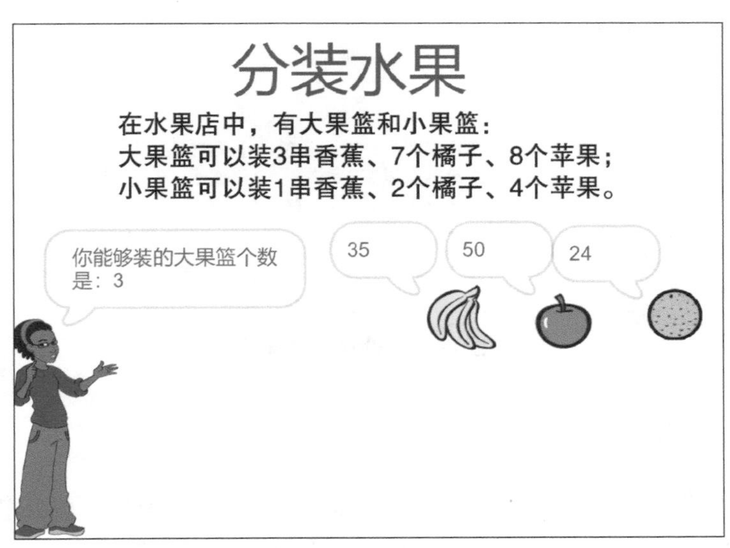

作品预览

图17-1　"分装水果"范例作品

17.1 课程学习

17.1.1 相关知识与概念

本范例作品程序将用到多个变量的数学运算求出能够装的大果篮数量，再通

过比较大小得出所需大果篮的实际数量，继而求出余下各类水果的数量。按同样的思路，根据小果篮的分装规则计算出能够装小果篮的实际数量。最后由角色说出能够装大、小果篮的数量。

本范例作品中将用到基本的数学运算、比较大小、字符串连接及条件判断等积木。

17.1.2 准备工作

1. 设置舞台背景

保留默认的空白背景，在背景上方输入标题“分装水果”，在标题的下方输入大、小果篮的规格，如图 17-2 所示。

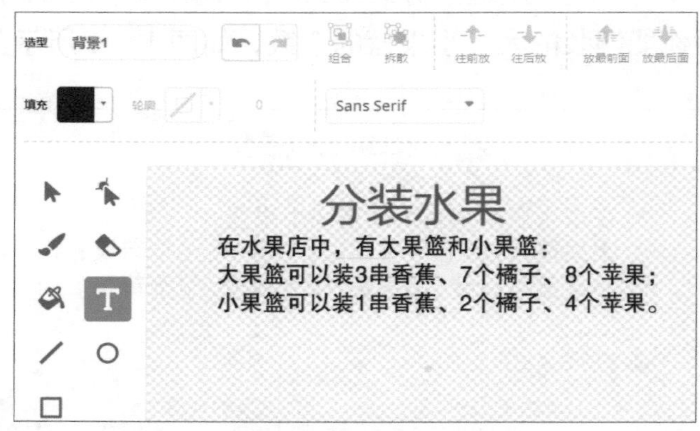

图17-2 设置舞台背景

2. 设置角色

删除默认的小猫角色，并从角色库中添加名为“Avery”的角色，将其移动到舞台左下方。继续从角色库中添加“Apple”“Orange”“Bananas”这 3 个角色。

3. 新建变量

新建全局变量“橘子总数”“苹果总数”和“香蕉总数”，分别用于记录用户输入的橘子、苹果和香蕉的数量。

新建全局变量“大果篮数量”和“小果篮数量”，用于记录 3 种水果能够装的大、小果篮数量。

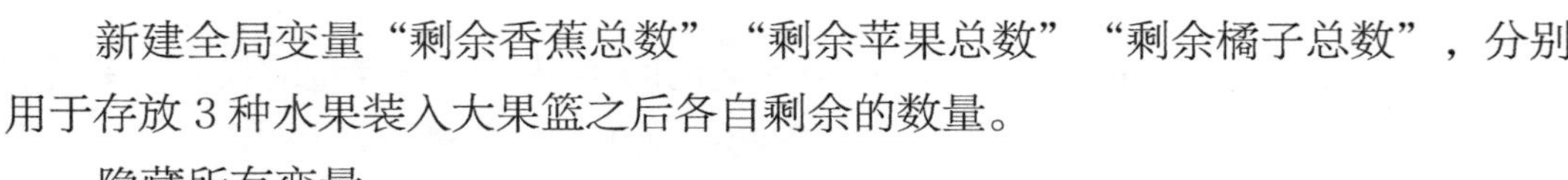

新建全局变量“剩余香蕉总数”“剩余苹果总数”“剩余橘子总数”，分别用于存放 3 种水果装入大果篮之后各自剩余的数量。

隐藏所有变量。

17.1.3 利用询问获取水果数量

1. 初始化变量

因为本范例作品中涉及的变量较多，均为全局变量，且通过询问、回答进行赋值，或者经过数学运算得出结果，所以我们在程序开始时，需要在舞台背景里设置所有变量的初始值为 0。

2. 询问水果总数

当绿旗被点击后，“Avery”开始询问用户需要的水果数量，并将用户“回答”的值赋给相应的变量，然后向对应的水果广播消息。这里以香蕉为例，代码如图 17-3 所示。

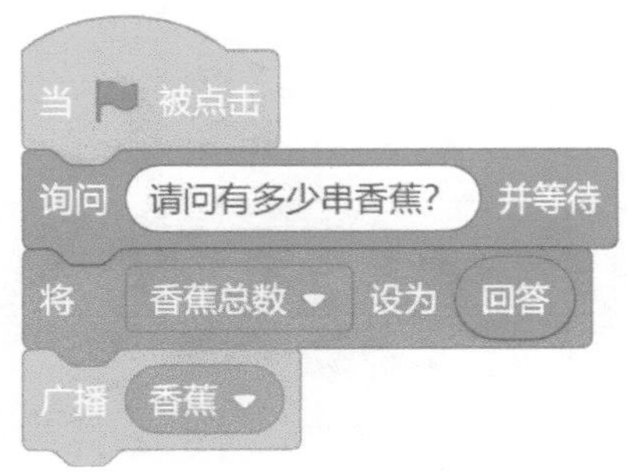

图17-3　询问香蕉数量的代码

当“Bananas”角色接收到广播消息“香蕉”之后，结合变量“香蕉总数”和“**说 ××**”积木，使“Bananas”角色说出用户输入的香蕉数量。代码如图 17-4 所示。

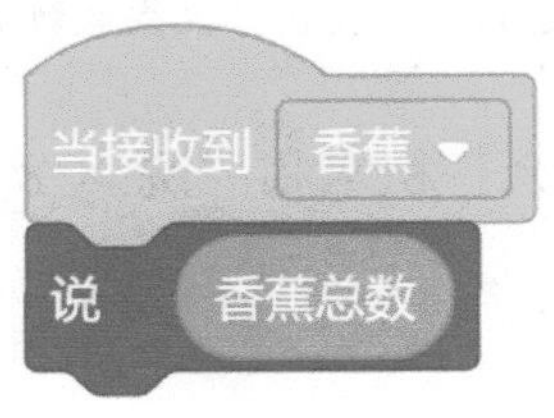

图17-4　“Bananas”角色说出香蕉数量的代码

试一试 打开 Scratch，尝试编写 Avery 询问苹果、橘子数量的代码，并完成角色“Apple”“Orange”接收到相应广播消息的代码。

17.1.4 计算并说出大果篮数量

大果篮中可以装入 3 串香蕉，如果香蕉总数是 13，那么通过计算可知，香蕉能够装 4 个大果篮，且剩下 1 串，1 串香蕉不足以装进一个大果篮，所以只能舍去。因此这里需要用到**“向下取整 × ×”**积木求出香蕉能够装的大果篮个数，并将这个值赋给变量“大果篮数量”。代码如图 17-5 所示。

图17-5　香蕉需要的大果篮个数的代码

又因为装大果篮个数最少的水果决定了最终装大果篮的数量。所以通过比较后面每种水果装大果篮的个数与变量“大果篮数量”值的大小，得出最终装的大果篮数量。代码如图 17-6 所示。

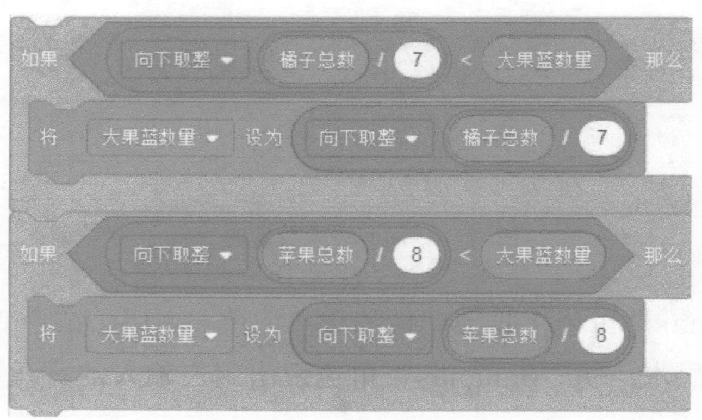

图17-6　通过对比得出“大果篮数量”的代码

最后用**“连接 × × 和 × ×”**积木和**“说 × × × × 秒”**积木让 Avery 说出结果，代码如图 17-7 所示。

图17-7　“Avery”说出大果篮个数的代码

练一练　如果让 Avery 正确地说出装大果篮的个数，还要比较苹果能装的大果篮个数与“大果篮数量”值的大小，并将较小值赋给变量“大果篮数量”。请根据以上思路，尝试编写全部代码。

17.1.5 计算并说出小果篮数量

在计算大果篮个数的过程中可能会出现 3 种水果剩余的数量还能够装入小果篮的情况，所以可以进一步升级代码：增加能装多少个小果篮的提示。

想要实现这个功能，首先需要算出每种水果装进大果篮后剩余的总数。每种水果的总数减去装进大果篮的总数就是剩余的总数。以橘子为例，代码如图 17-8 所示。

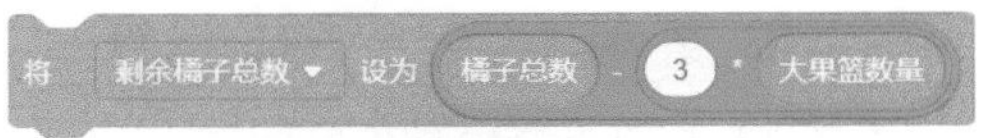

图17-8　计算橘子剩余总数的代码

然后根据小果篮的规格，先计算出其中一种剩余水果能装的小果篮个数，并将值赋给变量“小果篮数量”。紧接着计算第二种剩余水果能装的小果篮个数，并与变量“小果篮数量”值进行比较，如果第二种剩余水果所需的小果篮数量更小，则为变量“小果篮数量”重新赋值。以橘子和香蕉为例，代码如图 17-9 所示。

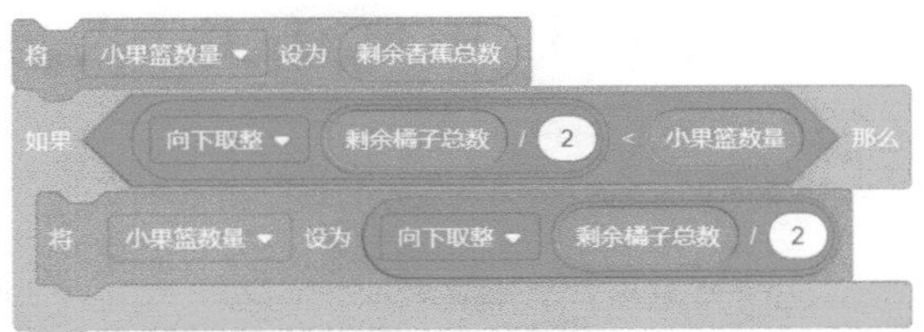

图17-9　对比“小果篮数量”的代码

试一试　编写计算能装小果篮数量的代码，并让 Avery 说出结果。

17.2 课程回顾

课程目标	掌握情况
1. 掌握数学函数中**“向上取整 ××”**和**“向下取整 ××”**积木的用法	☆☆☆☆☆
2. 能够灵活运用“运算”类积木实现想要的效果	☆☆☆☆☆
3. 能够综合使用“运算”类积木中的数学积木解决问题	☆☆☆☆☆
4. 初步认识不同编程思路对代码复杂度的影响	☆☆☆☆☆

17.3 课程练习

1. 单选题

（1）在 Scratch 中，可以使用（　　）类积木计算两个数相除之后的余数。

A. 运动　　B. 外观　　C. 运算　　D. 扩展

（2）以下选项中，不能将小数变为整数的积木是（　　）。

A. 四舍五入 ( )　　B. 向上取整 ▾ ( )

C. 向下取整 ▾ ( )　　D. ( ) 除以 ( ) 的余数

（3）下面的代码中能够得到 398 的十位数字 9 的是（　　）。

A. 四舍五入 ((398 / 10) 除以 10 的余数)　　B. 向上取整 ▾ ((398 / 10) 除以 10 的余数)

C. 向下取整 ▾ ((398 / 10) 除以 10 的余数)　　D. 四舍五入 ((398 / 10) 除以 10 的余数)

2. 判断题

（1）代码 四舍五入 (3.8) 和代码 向上取整 ▾ (3.1) 得到的值相同。（　　）

（2）Scratch 中“四舍五入 ××”积木和“向下取整 ××”积木的功能完全不相同，无论怎么编写代码，都不可能得到相同的计算结果。（　　）

3．编程题

班级要按总人数的 5% 推荐学习标兵，推荐的人数不可以高于 5%，例如 55 人的 5% 是 2.75 人，则只能选出 2 人而不能选出 3 人。请编写一个程序，当用户输入班级人数后，能够输出推荐的人数。

（1）准备工作

使用舞台上默认的小猫角色。

（2）功能实现

程序运行后，提示用户输入班级人数，然后小猫说出应该推荐的人数。

17.4 提高扩展

我们学习了如何使用 Scratch 中的数学函数，同学们一定很受启发，下面请大家尝试用 Scratch 解决数学应用问题。例如：学校组织春游，要租用客车。1 辆客车最多乘坐 40 人，学校有 12 个班级，每个班级有 45 人。请问需要租用多少辆客车？

第 18 课　诗词大会
——多重逻辑关系的表达与应用

本课范例作品“诗词大会”：试题分为两关，第一关是读诗识作者，第二关是诗词填空。用户只有满足第一关的两个过关条件，才可以进入第二关；而第二关要满足 3 个条件，才可以取得最终的胜利。“诗词大会”范例作品如图 18-1 所示。

作品预览

图18-1　“诗词大会”范例作品

18.1 课程学习

18.1.1 相关知识和概念

在游戏中增加关卡，会使游戏的可玩性更高。要实现关卡功能，需要判断用户是否满足过关条件。这些条件可以是用户回答正确、达到指定得分、倒计时结束等单一条件，也可以是同时满足多个单一条件的复合条件。

本课范例作品程序中，我们将综合应用关系运算积木、逻辑运算积木等，表达多重逻辑关系，完成对多个条件的判断。

18.1.2 准备工作

1. 设置舞台背景

从背景库中添加名为“Chalkboard”的图片作为舞台背景，修改背景造型的名称为“开始”，并使用“文本”工具在背景中添加文字“一起学诗词”，同时删除默认的空白舞台背景。

复制 3 次或重复添加 3 次名为“Chalkboard”的黑板背景，依次修改造型名为“第一关”“第二关 1”“第二关 2”“第二关 3”，并将背景中的内容修改为图 18-2~ 图 18-5 所示的样子。

图18-2　第一关

图18-3　第二关1

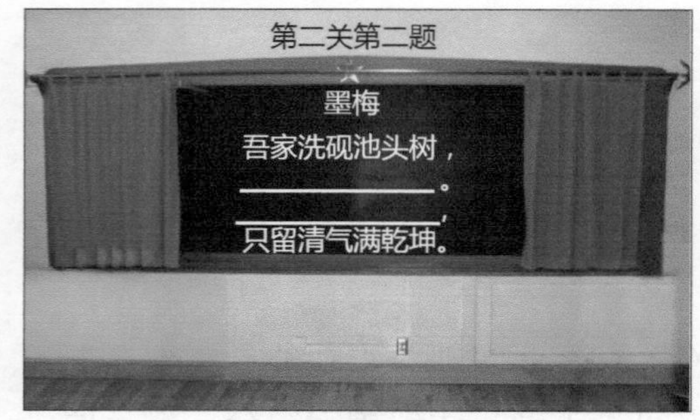

图18-4　第二关2

图18-5　第二关3

2. 设置角色

保留默认的小猫角色并将其摆放在舞台的左侧中间位置。绘制新角色“点击开始”，将其摆放到舞台下方，如图 18-6 所示。

图18-6　舞台初始显示效果

3. 新建变量

新建全局变量“时间”，用于计时；新建全局变量“第一题”“第二题”“第三题”，用于记录用户每道题回答正确的空数（每道题有两个空）；新建全局变量“分数”，用于记录用户的得分。

想一想　除了通过切换背景呈现试题外，还有哪些方式可以呈现试题？

18.1.3 程序初始化

1．初始界面

程序运行后，切换舞台背景为“开始”，显示“点击开始”角色，代码如图 18-7 所示。

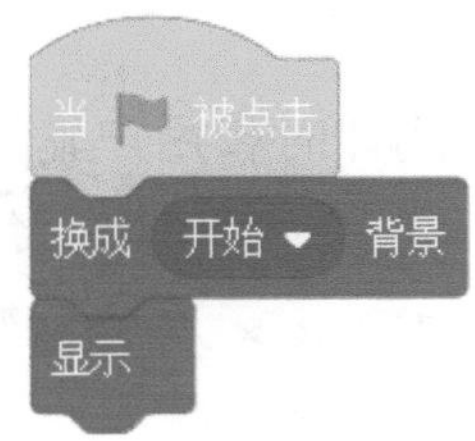

图18-7　“点击开始”角色的初始化代码

2．初始化倒计时

“点击开始”角色被点击后，该角色自动隐藏，舞台上显示第一关的试题（切换成“第一关”背景），并开始倒计时，同时广播消息“开始”告知所有角色用户开始答题。代码如图 18-8 所示。

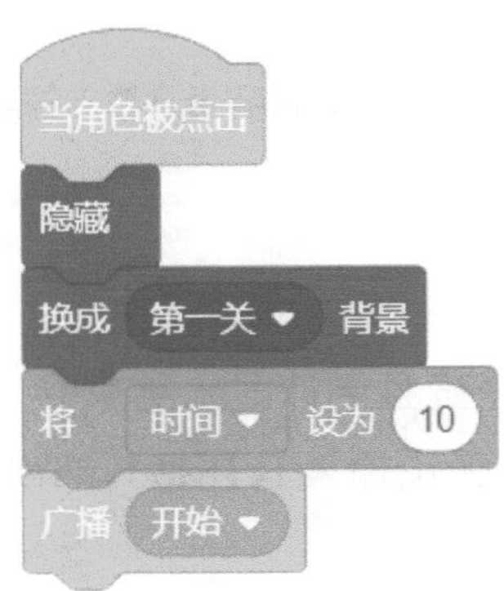

图18-8　倒计时初始化的代码

想一想 为什么要进行程序的初始化？设计游戏一般需要对哪些方面进行初始化？

18.1.4 第一关 读诗识作者

第一关要实现的效果是：用户阅读“第一关”试题，并输入答案，如果在倒计时结束前回答正确就进入下一关，否则游戏结束。编程思路如下。

1. 开始倒计时和用户输入答案

当接收到消息“开始”时，倒计时和用户输入答案是同时进行的，所以需要将它们分为两组代码进行编写。倒计时可以采用每隔 1 秒将变量“时间”的值减 1 的方法实现；输入答案使用**“询问 ×× 并等待”**积木实现。选择“点击开始”角色，编写代码。代码如图 18-9 所示。

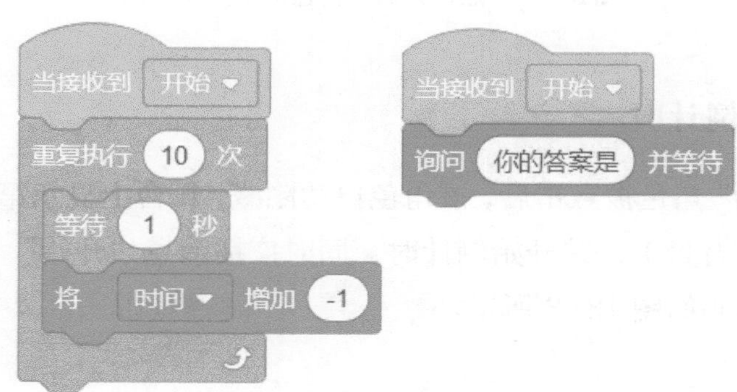

图18-9 开始倒计时和用户输入答案的代码

2. 判断过关条件

过关条件有两个：回答正确且倒计时未结束。

首先，用户回答问题时，无论输入 B 还是 b 都视为正确，所以需要使用“**×× 或 ××**”积木。

其次，用户必须在倒计时结束前回答题目，即变量“时间”的值大于 0。如果同时满足这两个条件，则过关，进入第二关；否则，不过关。不过关包含两种情况：时间结束前未输入答案或回答错误。时间是否结束根据变量“时间”的值是否为 0 进行判断；在回答不正确的前提下，回答不为空即是错误答案。

最后，因为在答题过程中需要一直判断是否达到过关条件，所以需要使用“重复执行”积木。代码如图 18-10 所示。

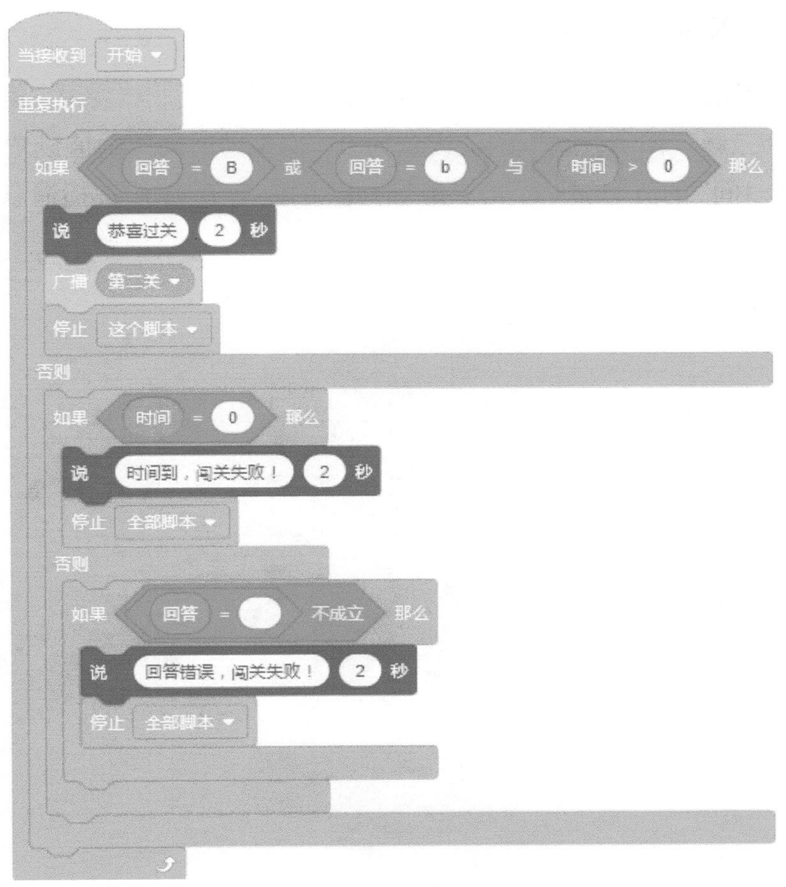

图18-10　判断是否满足过关条件的代码

想一想

1. 在图 18-10 所示代码中，逻辑关系是否有其他的表达方法？
2. 是否有其他实现倒计时的方法？

18.1.5 第二关 诗词填空

第二关要实现的效果是：先后呈现 3 首诗，每首诗有两个空，用户每回答正确一个空得 2 分。过关条件是：3 道题累计得分大于等于 8 分，且每道题至少回答正确一个空，总用时小于 2 分钟。编程思路如下。

1. 第二关初始化

选择“点击开始”角色，当接收到消息“第二关”后，将变量“第一题”“第二题”“第三题”和“分数”的值设置为 0，变量“时间”的值设置为 120。重复将变量“时间”的值增加 -1，当变量“时间”的值等于 0 时，广播消息“时间到”。代码如图 18-11 所示。

图18-11 第二关初始化的代码

2. 记录分数和答题情况

按顺序切换背景显示不同试题，每显示一道题，都要输入答案并判断答案正确与否。每答对一个空变量“分数”的值加 2，并将该题对应的答对数量（即变量“第一题”“第二题”“第三题”的值）加 1。当答完所有题后，广播消息“第二关回答完毕”并停止该角色的其他脚本。为呈现方便，现将原本连接在一起的代码切分为 3 部分，如图 18-12 所示。

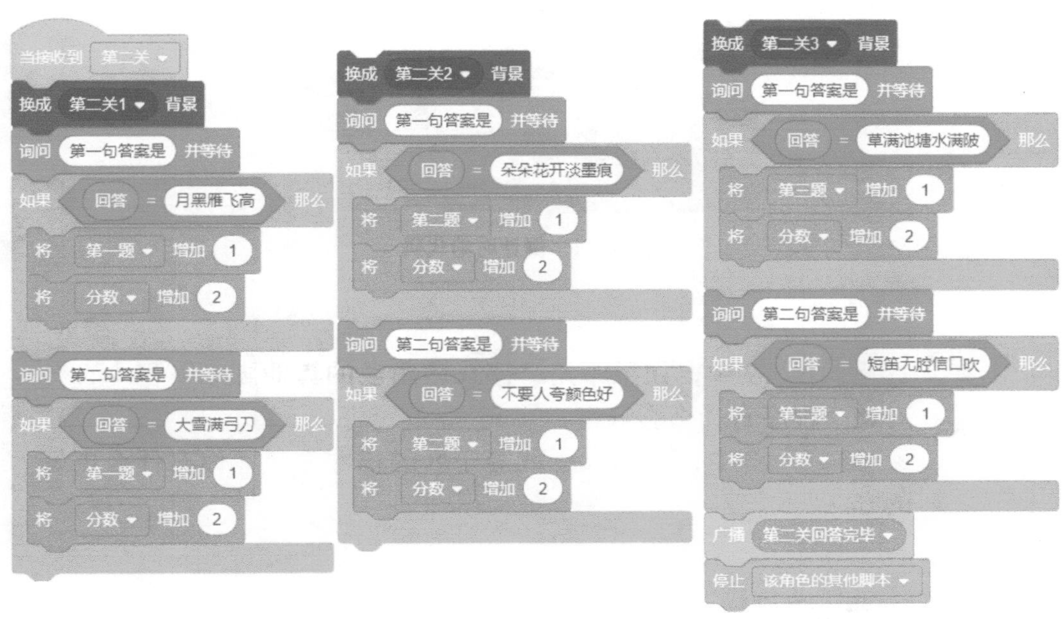

图18-12　记录分数和答题情况的代码

3. 判断过关条件

接收到消息“第二关回答完毕”后，如果分数大于等于 8，且每道题至少答对了一个空，那么说“恭喜过关”，否则说“准确率不够，闯关失败！”，并停止全部脚本。代码如图 18-13 所示。

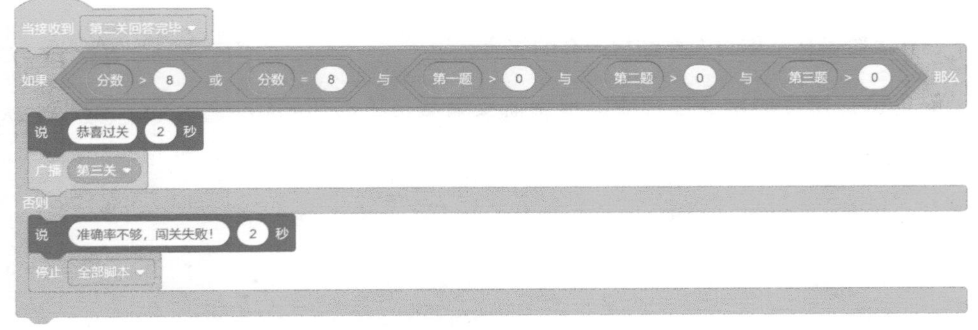

图18-13　判断过关条件的代码

接收到消息“时间到”，则说“时间到，闯关失败！”，并停止全部脚本。代码如图 18-14 所示。

图18-14 倒计时的代码

想一想

1. 图 18-12 中，如果不用**“停止该角色的其他脚本”**积木，会对整个程序有什么影响？
2. 图 18-13 中，表达大于或等于 8 的积木太长，你有什么更好的办法？

18.2 课程回顾

课程目标	掌握情况
1. 体验根据不同判断条件建立逻辑关系的过程，能够编写有 3~4 层嵌套的关系运算和逻辑运算的综合代码	☆☆☆☆☆
2. 掌握不同条件下选择结构的嵌套	☆☆☆☆☆
3. 掌握利用广播功能传递数据，实现不同角色进行交互的方法	☆☆☆☆☆
4. 了解并体验循环结构与选择结构嵌套的综合运用	☆☆☆☆☆
5. 了解角色初始化的重要性，能够根据需要编写角色的初始化代码	☆☆☆☆☆

18.3 课程练习

1. 单选题

（1）代码 a = 0 不成立 与 a > -10 表示的逻辑关系是（　）。

A. a=0 且 a>−10　　　B. a ≠ 0 且 a>−10

C. a=0 或 a>−10　　　D. a ≠ 0 或 a>−10

（2）在下面判断奇数的代码中，应该添加到“如果”条件中的最简洁的积木是（　）。

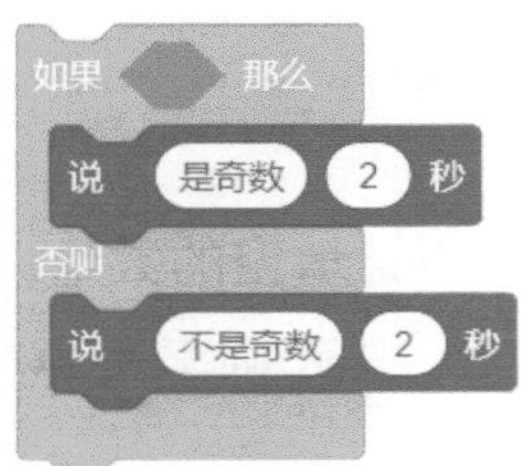

A. m 除以 2 的余数 = 1 不成立　　　B. m 除以 2 的余数 = 0 不成立

C. m 除以 2 的余数 = 0　　　D. m 除以 2 的余数 = 1

（3）运行下图所示的代码，当分数等于 10 时会显示（　）。

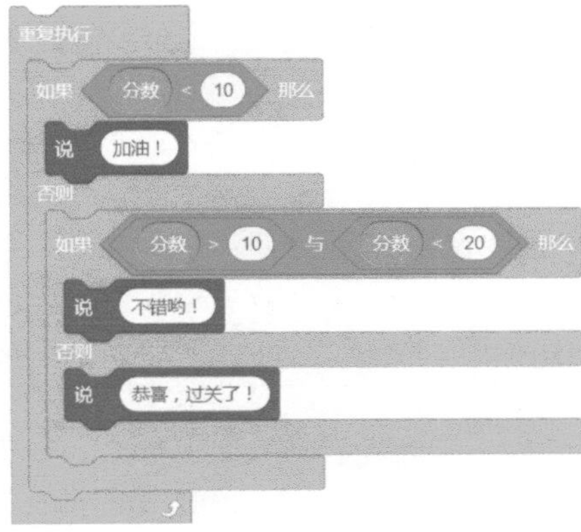

A. 加油！　　B. 不错哟！　　C. 恭喜，过关了！　　D. 无任何显示

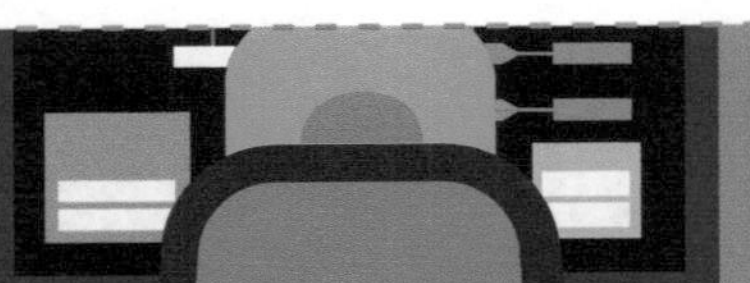

2. 判断题

（1）在 Scratch 中，进行逻辑运算时最多只能嵌套 3 层。（　　）

（2）在 Scratch 中，代码 `a = 0 不成立 与 a > b 与 c > a` 表示变量 a、b、c 的逻辑关系为 b<a<c 并且 $a \neq 0$。（　　）

3. 编程题

完成“诗词大会”第三关的设计与制作。

（1）准备工作

参照上面内容编写前两关的代码。

（2）功能实现

根据默写诗词句子的数量，设计填空的数量，共计 3 首诗。过关条件为：每首诗的正确率在 60% 以上（含），总正确率在 80% 以上（含），时间为 6 分钟。

18.4 提高扩展

古诗词是中国古代文化宝库中的一颗璀璨明珠，朗读诗词能够陶冶情操，培养审美能力，提高文化素养。在 Scratch 中有声音类和文字朗读类积木，尝试用这两类积木制作一个朗读诗词的程序。

第 19 课　寻找高手
——文字推理的数学符号表达与应用

有甲、乙、丙 3 个人。甲说：我的 Scratch 编程水平不是最高的。乙说：我的 Scratch 编程水平不是最高的。丙说：甲的 Scratch 编程水平是最高的。若他们 3 人中只有一人说了真话，那么究竟谁的 Scratch 编程水平才是最高的呢？本课范例作品是“寻找高手”：小猫需要通过推理，找到并说出谁是高手，效果如图 19-1 所示。

作品预览

图19-1　“寻找高手”范例作品

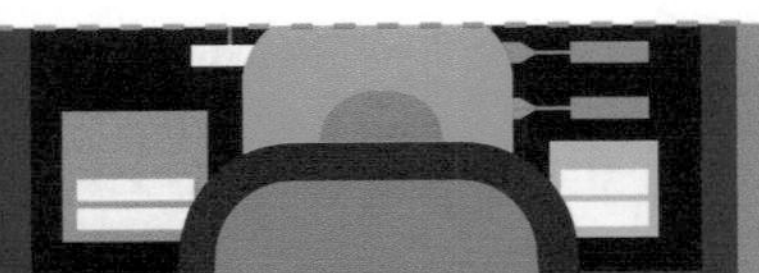

19.1 课程学习

19.1.1 相关知识和概念

文字推理问题表面上是一些文字描述，但当我们仔细分析时，会发现问题中隐含着一定的数学元素，我们可以利用这些数学元素将文字描述转化为用数学符号描述，进而建立数学关系或逻辑关系，然后综合使用 Scratch 中的逻辑运算类积木和关系运算类积木解决问题。

19.1.2 准备工作

1. 设置舞台背景

从 Scratch 背景库里添加名为“Spotlight”的图片作为舞台背景，并用“文本”工具写上 3 个人的对话，同时删除空白舞台背景。

2. 设置角色

保留默认的小猫角色，并将它摆放到舞台的中间位置。

3. 新建变量

新建全局变量 x，用于存储当前“Scratch 编程水平最高的人”的值。

19.1.3 文字描述的转化

文字描述的转化是指将文字描述的内容用数学符号表示，并建立数学关系或者逻辑关系的过程。本课范例作品程序可按如下步骤进行。

1. 推理结果描述的转化

若要推理出谁是高手，我们需要用变量 x 来表示“Scratch 编程水平最高的人”。

2．角色身份描述的转化

用 a、b、c 这 3 个字符分别表示甲、乙、丙 3 个人，那么如果甲是 Scratch 编程水平最高的人就可以表示为 x = a 。

3．角色行为描述的转化

甲说：“我的 Scrach 编程水平不是最高的。”这句话实际上是告诉我们甲不是 Scratch 编程水平最高的人，因此可以表示为“‘x=a’不成立”，即

。

乙说：“我的 Scrach 编程水平不是最高的。”可以表示为

。

丙说：“甲的 Scratch 编程水平是最高的。”可以表示为

。

4．关键条件描述的转化

由于逻辑运算的返回值为 0 或 1，我们用 1 来表示“真话”；反之，“假话”就用 0 来表示。那么“若他们 3 个人只有一个人说的是真话”就可以表示为：a 说的话 +b 说的话 +c 说的话 =1。这样，文字描述就转化成了条件判断中的数学运算。代码如图 19-2 所示。

图19-2　关键条件描述转化的代码

这样，推理游戏中的文字描述就已经被我们转化为数学符号了，接下来就要根据整体的文字描述分析逻辑关系，编写整个游戏的代码了。

想一想　将推理游戏的文字描述用数学符号表达，最常用的积木有哪些？它们的用途分别是什么？请填在下表中。

积木	积木的用途

19.1.4 编写推理过程代码

通过分析问题，我们知道“Scratch编程水平最高的人”存在3种可能，即a、b、c中的任一个。那么只要依次假设 x=a、x=b、x=c，并将其代入图 19-2 所示的代码中判断是否成立，如果成立，即可得到答案，结束程序。具体操作步骤如下。

1．假设x=a，说“甲是高手”

此时 x = a 不成立 的值为 0， x = b 不成立 的值为 1， x = a 的值为 1，三者相加的结果为 2，条件等于 1 不成立。代码如图 19-3 所示。

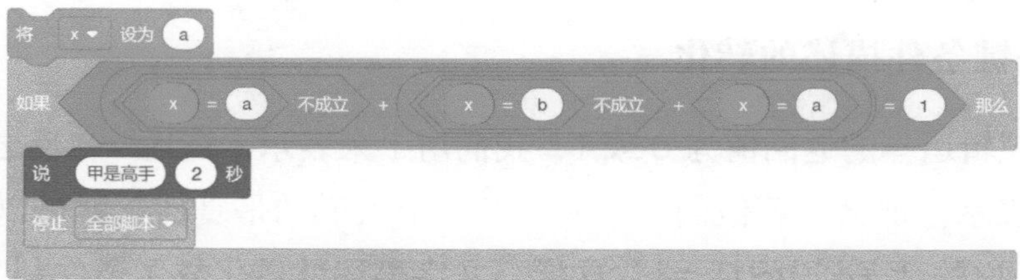

图19-3　假设x = a的代码

2．假设x=b，说“乙是高手”

此时 x = a 不成立 的值为 1， x = b 不成立 的值为 0， x = a 的值为 0，三者相加的结果为 1，条件等于 1 成立。代码如图 19-4 所示。

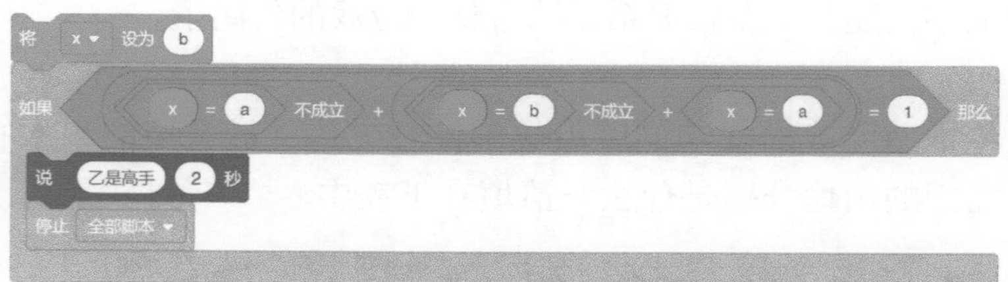

图19-4　假设x = b的代码

3．假设x=c，说“丙是高手”

此时 x = a 不成立 的值为 1， x = b 不成立 的值为 1， x = a 的值为 0，三者相加的结果为 2，条件等于 1 不成立。代码如图 19-5 所示。

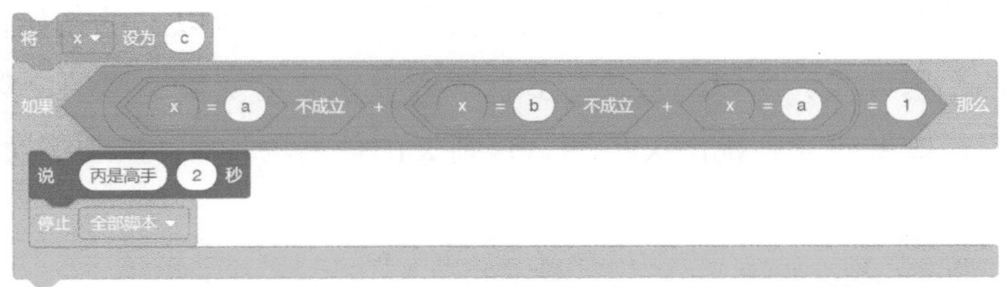

图19-5　假设x = c的代码

最后将上面 3 个代码连接在一起，运行程序即可完成判断，得出“乙是高手”。

想一想

1. 图 19-3~ 图 19-5 所示代码组合的先后顺序是否会影响结果呢？如果去掉每一个代码中的**“停止全部脚本”**积木会有什么影响？
2. 用条件嵌套实现以上代码，并比较两种方法的优缺点。

19.1.5 迭代优化

我们可以发现图 19-3~ 图 19-5 所示的代码非常相似，差别只有 x 的值和说的话中的一个字不同。这样的代码可以利用我们前面学习的循环结构来简化。基本思路是：每次循环时，按规律自动修改 x 的值和说的内容。具体可按下面步骤操作。

1. 文字描述转化为数字描述

在前面的代码中，我们用字母 a、b、c 分别代表甲、乙、丙，字母符号不能像数字一样在循环结构里按规律变化，所以我们用 1、2、3 这样规律变化的数字分别代表甲、乙、丙。代码如图 19-6 所示。

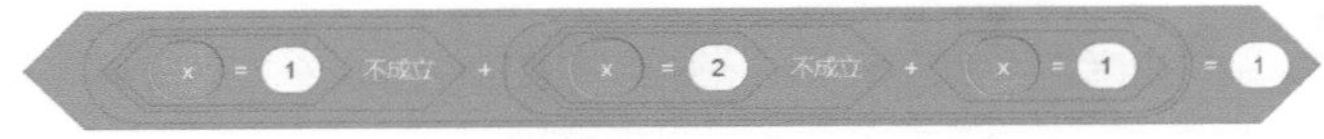

图19-6　文字描述转化为数字描述的代码

2．循环判断

第一次假设甲为“Scratch 编程水平最高的人”，所以 x 的初始值为 1。因为有甲、乙、丙 3 人，所以重复执行 3 次。需要重复给变量 x 赋值，然后判断条件是否成立，如果成立则说出 x 的值，否则 x 的值自动加 1，按顺序换下一个人。代码如图 19-7 所示。

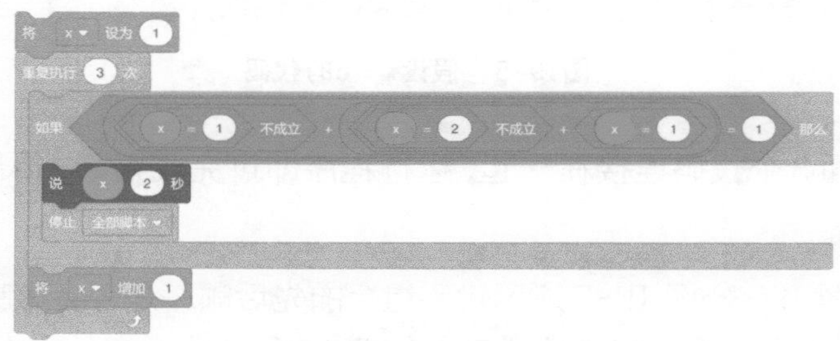

图19-7　循环判断的代码

3．完善说的内容

运行图 19-7 所示的代码，会发现小猫说的数字是 2，我们不能明确看出结果。这时，我们可以嵌套条件判断**“如果 ×× 那么 ×× 否则 ××”**积木，根据不同的数值说出对应的人，这样就可以对说的内容进行完善。代码如图 19-8 所示。

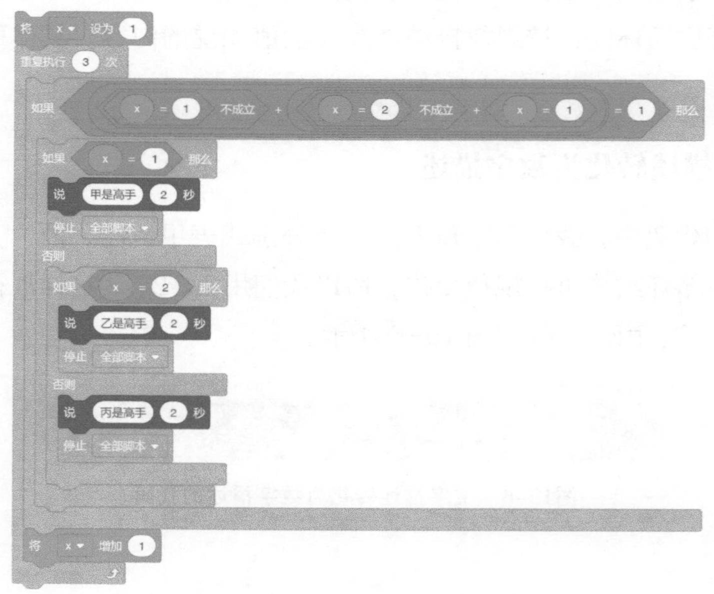

图19-8　完善说的内容的代码

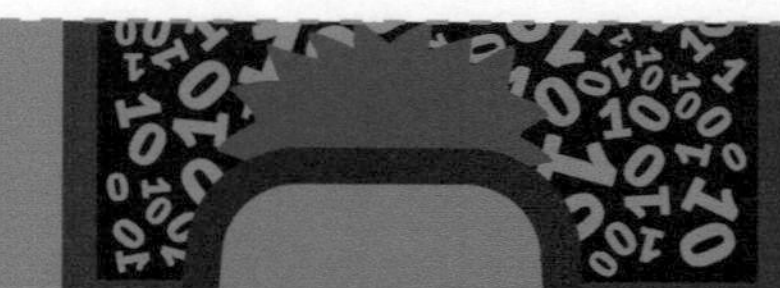

想一想　上面的两种方法你更喜欢哪一个，为什么？

19.2 课程回顾

课程目标	掌握情况
1. 掌握将文字描述转化为数学符号描述的方法，能够将文字推理问题转化为数学表达形式	☆ ☆ ☆ ☆ ☆
2. 能够熟练表达判断条件之间的逻辑关系，并正确编写代码	☆ ☆ ☆ ☆ ☆
3. 进一步理解循环结构及判断结构的嵌套，并能熟练应用	☆ ☆ ☆ ☆ ☆
4. 进一步了解角色初始化的重要性，能够根据需要编写角色初始化的代码	☆ ☆ ☆ ☆ ☆

19.3 课程练习

1. 单选题

（1）当 x=j 时，下图所示代码的计算结果是（　　）。

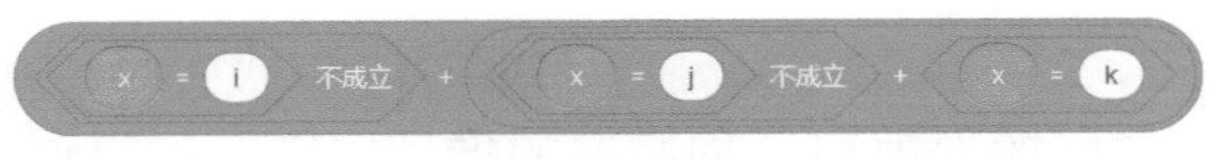

A. 1　　　　B. 2　　　　C. 3　　　　D. 0

（2）3 个人中有人动了我的奶酪。询问时，A 说“是 C 动的”；B 说“不是我动的”；C 说“是 B 动的”。若 3 个人有两个说的是真话，那么是谁动了我的奶酪？（　　）

A. A　　　　B. B　　　　C. C　　　　D. A 或 B

（3）有 4 个数 a、b、c、d，其中 a 不是最大的，但比 b 和 c 大，c 比 b 小。4 个数中最小的是（　　）。

A. a　　　　B. b　　　　C. c　　　　D. d

2. 判断题

（1）当 x=2 时，下图所示代码的计算结果是 3。（　　）

（2）3 个同学赛跑后，王明说：“张红比刘强跑得快。”张红说：“王明比刘强跑得快。”刘强说：“王明没有张红跑得快。”如果他们 3 个说得都对，则可以推断出跑得最快的是张红。（　）

3．编程题

有甲、乙、丙、丁 4 名小朋友，其中有一人拾金不昧且不留名。在老师询问时，甲说：“不是我做的。”乙说：“是丙做的。”丙说：“是丁做的。”丁说：“丙在说谎。”现在已经知道 4 个人中 3 个人说的是真话，1 个人说的是假话，请编程找出谁是拾金不昧的人。

（1）准备工作

使用默认的小猫角色。

（2）功能实现

运行程序后，小猫能够准确说出谁是拾金不昧的人。

19.4 提高扩展

本节课学习了如何编程解决 3 种情况的推理问题，如果遇到 3 种以上的情况该怎么做呢？请思考方法，尝试编写一个 3 种以上情况的推理游戏，并编程实现该游戏的推理。

第 20 课　知识竞赛——综合运用

本课范例作品是“知识竞赛”：程序提供语文、数学、英语、科学 4 个科目的题目，用户在规定时间内作答，程序根据作答情况计算分数，并记录所用时间，如图 20-1 所示。

作品预览

图20-1　“知识竞赛”范例作品

20.1 课程学习

20.1.1 规划设计

随着学习的深入，我们已经能够使用 Scratch 解决复杂的问题了。当解决复杂问题时，首先要做的就是规划设计，将一个复杂问题分解成若干个简单问题，

再对每个简单问题按环节依次进行分析和程序设计，以实现各个击破。

在进行规划设计时，我们需要根据程序的基本需求、使用体验和内容特点等方面，规划出主要角色、内容、功能和效果等。本课范例作品的规划设计如下。

（1）背景及角色：必要的舞台背景、主持角色及相应的试题角色。

（2）初始页面：小猫说答题规则，用户点击“点击开始”按钮开始答题，并开始倒计时。

（3）选择科目：显示答题科目，用户可以任意选择答题科目的顺序。

（4）各科目试题及出题形式：语文试题以诗词知识问答为主；英语试题包括单词填空、听力等；数学试题包括口算和应用题；科学试题包括 Scratch 编程和科学常识。

各科目的试题，如果文字内容不多、不需要换行显示，可由对应的科目试题角色说出，否则由对应的科目试题角色用切换造型的方式呈现。试题通过**“询问 ×× 并等待”“回答”**的方式作答。

（5）作答规则：每个科目被选择后不能被再次选择；每科目 5 道题，每题 2 分，每题回答结束后，没有修改的机会；限时 5 分钟，答题时间到或者所有题目都答完，程序自动评分，并在舞台上显示得分和剩余时间。

想一想 你认为“知识竞赛”程序还可以增加哪些功能，将其填写在下表中。

功能	具体描述

20.1.2 准备工作

1. 设置舞台背景

从背景库中选择“Spaceship”图片作为背景 1，将其命名为“开始”，并在该背景上添加文字“知识竞赛”。从背景库中选择“Chalkboard”图片作为背景 2，将其命名为“选科目”，并在该背景上添加文字“知识竞赛”。

2. 设置角色

保留小猫角色，将其移动到舞台中部位置。绘制新角色“点击开始”，将其移动到舞台中下部位置，如图 20-2 所示。

图20-2　开始界面的背景和角色

绘制 4 个按钮作为角色，并分别在按钮上添加文字：语文、数学、英语、科学。用户点击这些角色后，能够进行相关科目的答题。界面如图 20-3 所示。

图20-3　选择科目界面的背景和4个按钮角色

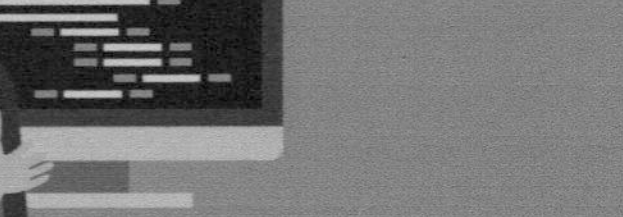

绘制语文试题角色，并为其添加造型“语文试题 2”“语文试题 3”“语文试题 4”“语文试题 5”，如图 20-4 所示。

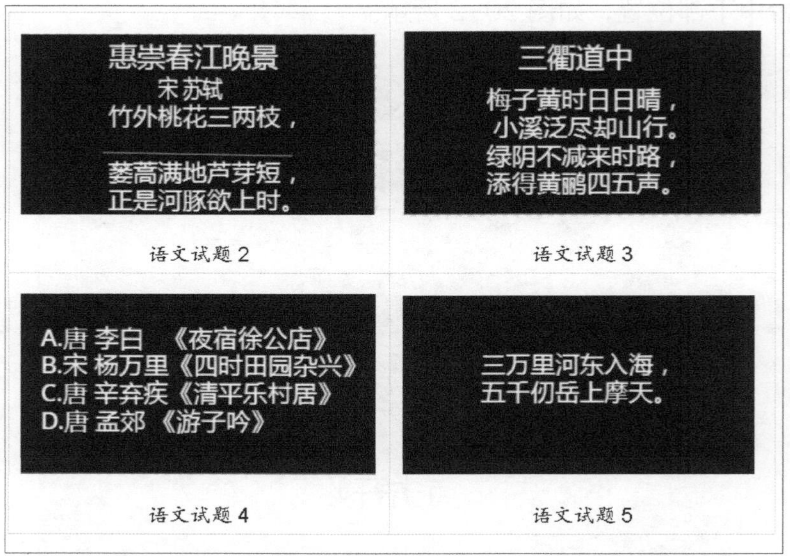

图20-4 语文试题角色的造型

绘制英语试题角色，并为其添加造型“英语试题 2”“英语试题 3”“英语试题 4”“英语试题 5”，如图 20-5 所示。

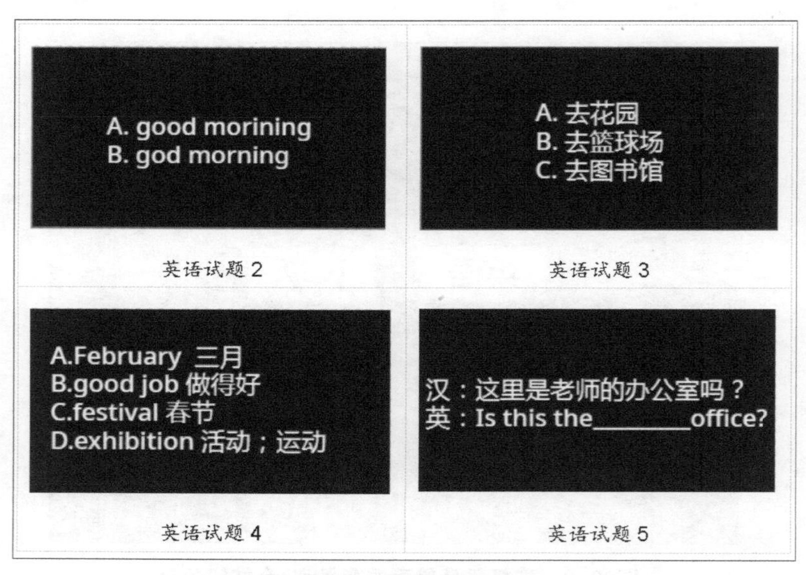

图20-5 英语试题角色的造型

3．新建变量

新建全局变量“时间”“分数”“答完科目”，分别用于记录倒计时、得分、已经答完的科目数量。

新建全局变量 a、b 和“计算结果”，变量 a、b 分别用来记录气球角色本体上显示的数、每次克隆体上产生的数，“计算结果”需要用角色本体上的数字加上每个克隆体上的数字，最终得到的所有数字的和。

20.1.3 初始页面

根据功能的需求，程序初始页面的背景为“开始”，显示在舞台上的角色为小猫和“点击开始”；其他角色和变量处于隐藏状态。编程思路如下。

1．初始化

选择小猫角色，进行变量和背景的初始化。设置变量“时间”的初始值为 300，变量“分数”的初始值为 0，变量“答完科目”的初始值为 0，且都处于隐藏状态。代码如图 20-6 所示。

图20-6　变量初始化的代码

2. 小猫说规则

由于游戏规则的文字较多，为了避免一次显示的内容过多，也为了让用户可以自由选择阅读时间，这里使用了鼠标按键单击的方式，即用户单击一次鼠标按键显示一句规则。当规则介绍完毕后，隐藏小猫角色，并广播消息“点击开始”。代码如图 20-7 所示。

图20-7　小猫说规则的代码

3. “点击开始”角色的功能

“点击开始”角色最初是隐藏的，当收到小猫广播的消息“点击开始”时显示在舞台上。当其被点击时，显示变量“时间”和“分数”，然后再次隐藏，并将背景切换成“选科目”，然后广播消息“开始”，让科目等相关角色显示在舞台上，并开始倒计时。倒计时结束后，广播消息“时间到”，停止答题。代码如图 20-8 所示。

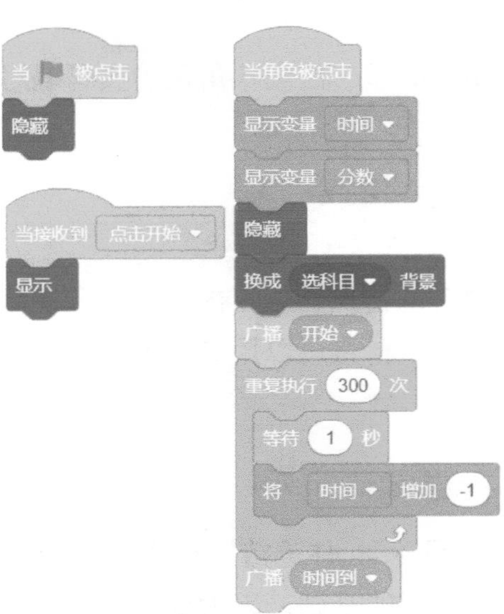

图20-8 “点击开始”角色的代码

想一想

1. 为什么 能够实现单击鼠标按键继续向下运行的功能，能否只用其中的一个积木？
2. 可否将“点击开始”角色的功能用小猫角色实现？

20.1.4 选择科目

当接收到消息“开始”时，语文、数学、外语、科学 4 个角色显示在舞台上。为了实现“每个科目被选择后不能被再次选择”这一规则，需要让每个角色被点击后隐藏。这里以语文科目为例，代码如图 20-9 所示。

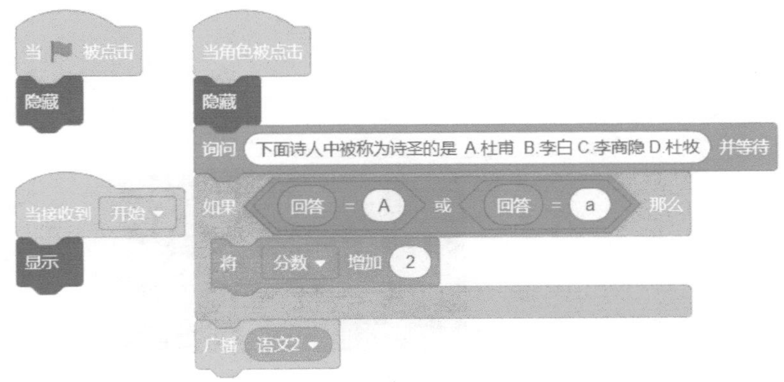

图20-9 “语文”角色的代码

试一试　打开 Scratch，仿照“语文”角色的代码编写其他科目的代码。

20.1.5 出题形式与代码搭建

每一个科目都有其独有的特点，学习内容的不同决定了出题形式的不同。例如英语科目可以考听力，科学科目可以用 Scratch 呈现动画效果等。常用的出题形式有以下几种。

1. 直接询问

直接将问题写在**“询问 ×× 并等待”**积木的内容里，直观明了。这种形式最为常见，也是其他几种形式的基础，因为要通过它来记录用户回答的内容。但当问题的文字内容较多或者需要图片、声音、动画等形式时，这种形式就不适合了。

2. 切换背景

将问题以文字或图片的形式放在背景中，通过切换背景更换题目，具体可回顾第 18 课内容。

3. 切换造型

和切换背景相似，这种形式是将角色的造型设计为题目，通过切换造型更换题目。切换角色的造型比切换背景更灵活。例如，新建一个“语文试题”角色，在原有“语文试题 1”造型的基础上添加 4 个造型，分别命名为“语文试题 2”~“语文试题 5”，如图 20-10 所示。

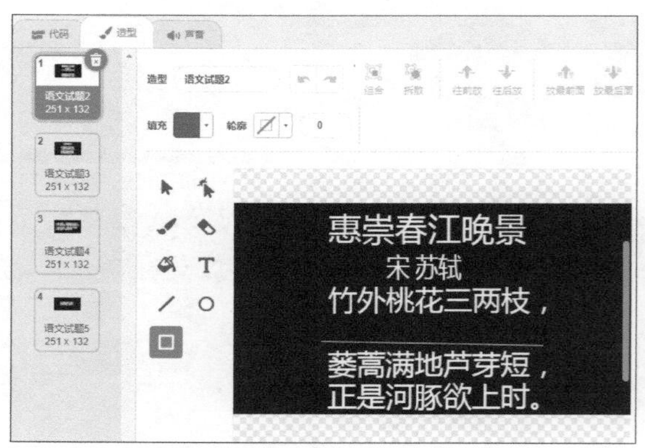

图20-10　编辑“语文试题”角色的造型

我们可以按照题目的顺序依次呈现造型（题目），让用户依次答题，答对就把变量“分数”的值加2。当所有题目都答完后，隐藏该角色，将变量“答完科目”的值加1。代码如图20-11所示。

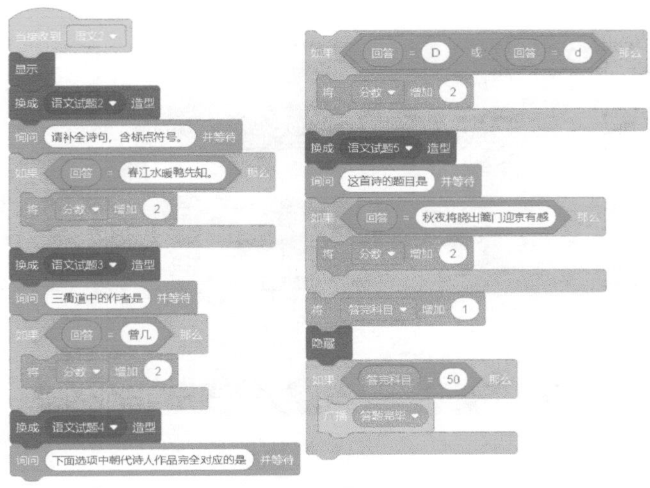

图20-11 “语文试题”角色的代码

4. 文字朗读

在Scratch中有文字朗读类积木，它可以实现多国文字的朗读。而听力是英语科目的一个重要内容，我们可以用文字朗读类积木编写听力题的代码，用切换造型的方式出示题干。代码如图20-12所示。

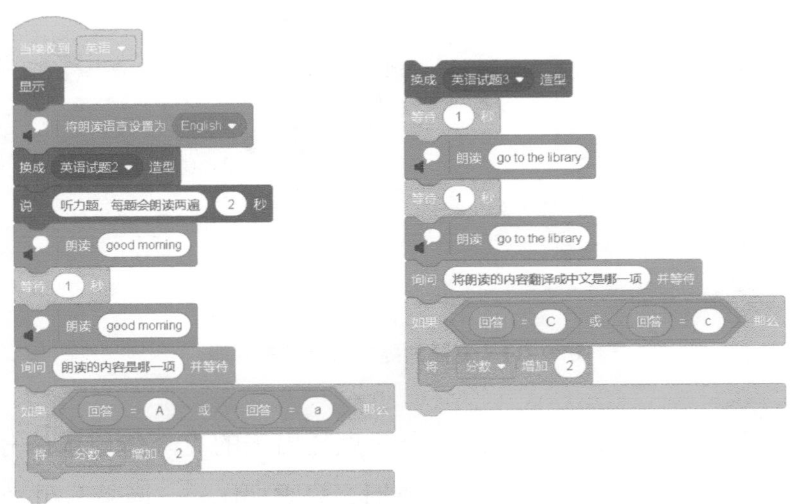

图20-12 “英语试题”角色的代码

5.克隆加随机数

这种形式用在数学科目的试题中：舞台上随机出现一组数，然后进行各种运算，效果如图 20-13 所示。

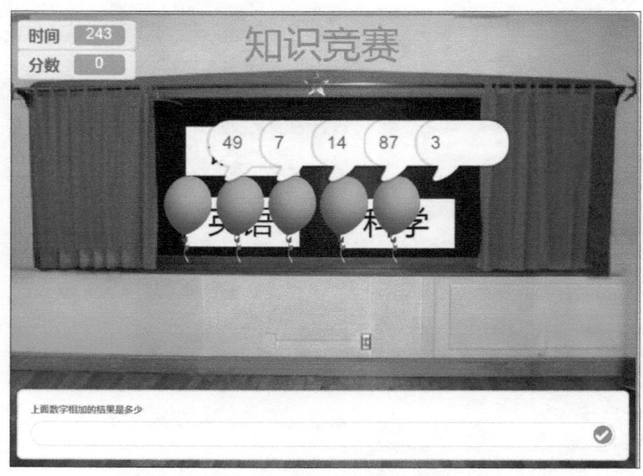

图20-13　克隆加随机数出题形式

其中每个气球上的数字是随机生成的，每个重复出现的气球是通过克隆的方式产生的，具体代码如图 20-14 所示。

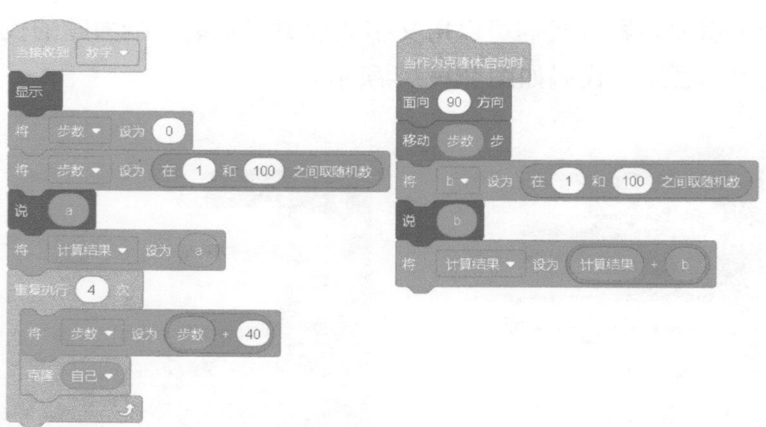

图20-14　克隆加随机数出题的代码

将 步数 设为 步数 + 40 积木可以使每个新克隆出来的克隆体与本体分开一段距离，以便于用户观察。判断回答是否正确时，只需要比较“回答”和“计算结果”的值是否相等即可，代码如图 20-15 所示。（广播消息“数学 1 答完”，是为了

隐藏气球角色，因为第二道题不用该角色。如果继续使用角色，则无须广播消息）

图20-15　克隆及随机数方式出题并判断对错的代码

6. 动画再现

科学科目的试题，可以使用动画再现的形式，如图 20-16 所示。

图20-16　Scratch试题样例

这里的 5 个“Giga”形象，是使用画笔的图章功能实现的，它们在舞台上会呈现出从 1 个 Giga 到 5 个 Giga 的动画效果，Giga 间隔 0.5 秒出现一个，重复出现 3 次。消息“科学 1 答完”是由“科学”角色广播的，表示用户回答完毕，Giga 应该消失了。代码如图 20-17 所示。

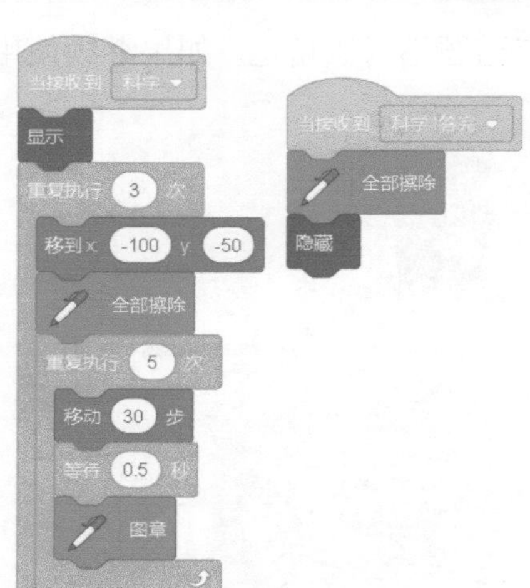

图20-17 “科学”角色的代码

20.1.6 结束答题

结束答题有两种情况：时间结束但还没答完题、完成答题而时间未结束。为了便于用户观察理解，这里选择小猫角色来设计结束答题的代码，如图 20-18 所示。

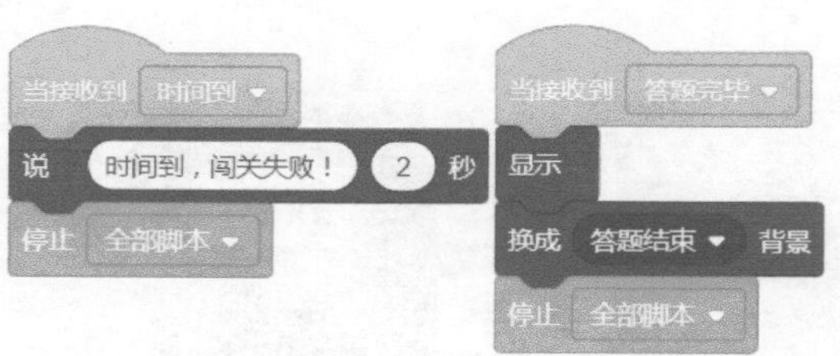

图20-18 结束答题的代码

每个科目在答题结束之后，需要判断变量“答完科目”的值是否等于 4。如果等于 4，则广播消息“答题完毕”，代码如图 20-19 所示。

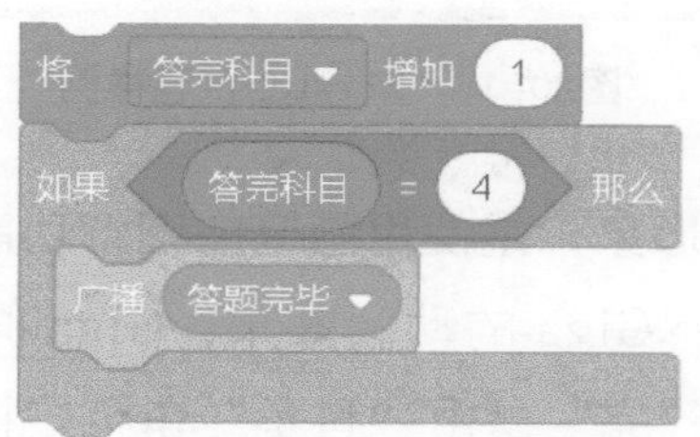

图20-19 设置“答完科目”变量的代码

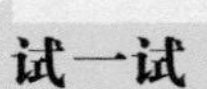

试一试　完成每一个科目的代码编写，然后运行，看看是否实现了全部的设计效果。

20.2 课程回顾

课程目标	掌握情况
1. 了解和体验使用 Scratch 解决综合性较强的问题的过程	☆ ☆ ☆ ☆ ☆
2. 能够分析需求、规划界面和功能，创造性地设计功能的展示形式	☆ ☆ ☆ ☆ ☆
3. 进一步认识角色初始化的重要性，能够根据需要编写角色的初始化代码	☆ ☆ ☆ ☆ ☆
4. 进一步认识广播的作用，能够熟练地根据需要使用广播控制角色	☆ ☆ ☆ ☆ ☆
5. 进一步认识变量的作用，能够熟练地根据需要创建变量，并进行变量计算	☆ ☆ ☆ ☆ ☆
6. 能够熟练运用循环及判断的嵌套解决问题	☆ ☆ ☆ ☆ ☆
7. 能熟练运用造型切换、背景切换、随机数、图章、克隆、文字朗读等功能	☆ ☆ ☆ ☆ ☆

20.3 课程练习

1. 单选题

（1）运行下图所示的代码后，sum 的值是（　　）。

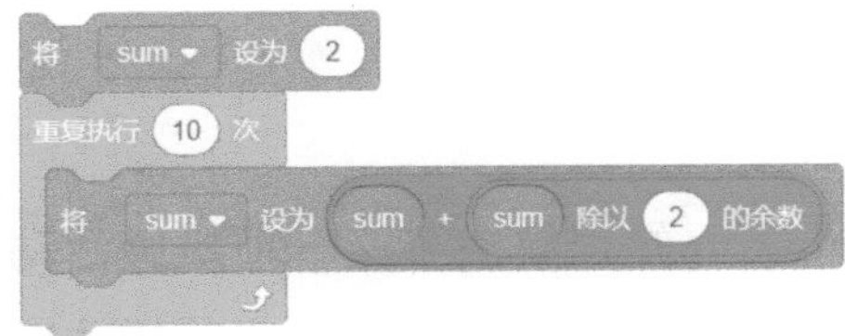

A. 0　　B. 1　　C. 2　　D. 10

（2）使用一个“星星”角色，想实现舞台上多个位置出现不同颜色的“星星”的效果，需要使用（　　）。

A. 图章　　B. 画笔　　C. 克隆　　D. 无法实现

（3）当 x=1 时，下面所示积木运行的结果是（　　）。

A. 0　　　　B. 1　　　　C . 2　　　　D. 无法计算

2. 判断题

（1）图章功能和克隆功能一样，可以给复制的角色添加代码。（　）

（2）广播消息与变量一样，可以在使用过程中改变值。（　）

3. 编程题

“知识竞赛”的科学科目，要增加一道题以考察选手听音识谱的能力。同时为了增加趣味性，还要对舞台进行布置：舞台背景要有音乐，并有若干个闪烁的小彩灯。请你编程实现。

（1）准备工作

使用舞台上默认的小猫角色，从背景库中选择一个舞台背景，例如“Concert”；从角色库中选择一个乐器角色和一个类似彩灯的角色，例如“Keyboard”和“Ball”。

（2）功能实现

运行程序后，舞台上的“彩灯”（至少 5 个）在不同的位置不停地闪烁，同时呈现试题的说明文字，并播放一段使用音乐类积木编写的代码形成的音效。用户要回答对应的音符（以数字表示），程序给出回答正确或错误的信息。注意，彩灯效果只允许使用一个角色实现。

20.4 提高扩展

我们利用所学的 Scratch 知识解决了又一项班级活动需求，班级还有很多活动，例如班会、联欢会等，能否用 Scratch 给这些活动锦上添花呢？请主动寻找项目，积极思考、规划并开展设计，然后编程实现功能。